浙江省重点建设高校优势特色学科(浙江工商大学统计学)
统计数据工程技术与应用协同创新中心(浙江省2011协同创新中心)
浙江省高校领军人才培养计划
浙江工商大学西湖学者支持计划
联合资助

浙江省海洋经济发展评估与应用研究

陈 骥 赖 瑛 罗刚飞 著

浙江工商大学出版社
ZHEJIANG GONGSHANG UNIVERSITY PRESS
·杭州·

图书在版编目（CIP）数据

浙江省海洋经济发展评估与应用研究 / 陈骥，赖瑛，罗刚飞著. — 杭州：浙江工商大学出版社，2020.12

ISBN 978-7-5178-4218-7

Ⅰ. ①浙… Ⅱ. ①陈… ②赖… ③罗… Ⅲ. ①海洋经济-区域经济发展-研究-浙江 Ⅳ. ①P74

中国版本图书馆CIP数据核字(2020)第257439号

浙江省海洋经济发展评估与应用研究
ZHEJIANG SHENG HAIYANG JINGJI FAZHAN PINGGU YU YINGYONG YANJIU
陈　骥　赖　瑛　罗刚飞　著

责任编辑　谭娟娟
封面设计　红羽文化
责任印制　包建辉
出版发行　浙江工商大学出版社
（杭州市教工路198号　邮政编码310012）
（E-mail：zjgsupress@163.com）
（网址：http：//www.zjgsupress.com）
电话：0571-88904980，88831806（传真）
排　　版　杭州红羽文化创意有限公司
印　　刷　杭州高腾印务有限公司
开　　本　710mm × 1000mm　1/16
印　　张　12.5
字　　数　191千
版 印 次　2020年12月第1版　2020年12月第1次印刷
书　　号　ISBN 978-7-5178-4218-7
定　　价　45.00元

序

由内陆走向海洋，由海洋走向世界，是世界历史上强国发展的必由之路。历史的经验反复告诉我们，一个国家“向海则兴、背海则衰”。21世纪更被世界各国称为“海洋世纪”。

党中央和国务院高度重视海洋事业的发展，将海洋开发与利用上升为国家发展战略。2008年，国务院发布了新中国成立以来首个海洋领域的总体规划——《国家海洋事业发展规划纲要》，指导海洋事业的全面、协调和可持续发展。2012年11月，党的十八大报告中指出：“中国将提高海洋资源开发能力，坚决维护国家海洋权益，建设海洋强国。”自此，“建设海洋强国”战略被明确提出。2013年7月30日，中共中央政治局就建设海洋强国召开第八次集体学习会，习近平总书记在会上对建设海洋强国的重要意义、道路方向和具体路径做了系统的阐述，把建设海洋强国融入“两个一百年”奋斗目标里，融入实现中华民族伟大复兴“中国梦”的征程之中，提出“建设海洋强国”的“四个转变”要求。2017年10月，习近平总书记在党的十九大报告中进一步强调了要“坚持海陆统筹，加快建设海洋强国”。在“建设海洋强国”战略的指引下，沿海各省市积极落实中央决策部署，纷纷提出了发展海洋经济的相关政策与规划，如浙江、山东、福建、广东等地均提出了“建设海洋强省”的目标。值得一提的是，早在2003年，时任中共浙江省委书记的习近平同志就为浙江省擘画全省持续坚持的“八八战略”之一，即“发挥浙江的山海资源优势，建设海洋经济强省战略”。

“建设海洋强国”战略涉及海洋资源开发利用、海洋经济发展、海洋生态环境保护、海洋科技创新、海洋权益与国家安全维护、海洋文化建设与交流、海洋命运共同体建设等领域。这些领域相互制约，相辅相成；其中海洋经济是核心内容，是“建设海洋强国”战略的关键环节，更是重要驱动力。推进海洋经济的高质量发展，离不开相应的统计调查、核算、评估与监测体系建设。

自2005年以来，浙江工商大学海洋经济统计研究团队一直参与浙江省海洋经济相关主管部门的统计工作，承担过浙江省海洋经济调查、海洋经济评估模型研究及海洋经济监测平台建设等任务，与浙江省海洋技术中心、浙江省海洋科学院有着紧密的科研合作。2019年，浙江工商大学统计与数学学院牵头组织团队，联合浙江省海洋科学院，开展海洋经济统计系列专著的撰写工作。团队选定了海洋经济发展评估、海岛经济发展、海洋工程建设、海洋节能减排、海洋经济监测等多个主题，利用公开的各类海洋经济统计资料，开展了大量的数据收集、统计分析与综合评价等工作。

该系列专著得到了浙江省重点建设高校优势特色学科、统计数据工程技术与应用协同创新中心（浙江省2011协同创新中心）的资助，也得到了浙江省自然资源厅、浙江省统计局、浙江省海洋科学院等单位的指导和支持，还得到了浙江工商大学出版社的配合。我们希望本系列专著的出版，能够展示浙江省海洋经济发展的现状和发展趋势，为海洋经济相关主管部门的政策制定提供基础依据。但由于团队所掌握的统计资料不够全面，研究能力与海洋经济发展的实际需求有一定的脱节，此次出版的系列专著中还存在许多不足和可供进一步讨论的内容，欢迎专家学者们批评指正。

海洋经济发展是一项长期发展的国家战略。我们相信在学术界、实务界的共同推动下，海洋经济统计体系建设必定会取得长足进步，为我国经济高质量发展增添不竭动力。

苏为华

于浙江工商大学

目　录

引 言

一、研究背景与意义

由内陆走向海洋，由海洋走向世界，是世界各国发展的明显轨迹。我国劳动人民在海洋开发与利用方面，具有悠久的历史。进入21世纪以来，党中央和国务院高度重视海洋事业的发展，将海洋开发与利用上升为国家发展战略。2008年，国务院发布了新中国成立以来首个海洋领域的总体规划——《国家海洋事业发展规划纲要》①，指导海洋事业的全面、协调和可持续发展。2012年11月，党的十八大报告指出，“中国将提高海洋资源开发能力，坚决维护国家海洋权益，建设海洋强国”②，自此“建设海洋强国”战略被明确提出。2017年10月，习近平总书记在党的十九大报告中指出，“坚持海陆统筹，加快建设海洋强国”③，进一步加大了海洋发展战略的实施力度。

据自然资源部海洋战略规划与经济司发布的《2018年中国海洋经济统计公报》，2018年全国海洋生产总值为83 415亿元，占国内生产总值的9.3%。④海

① 可参阅中华人民共和国中央人民政府网站（http://www.gov.cn/gzdt/2008-02/22/content_897673.htm）的报道。

② 可参阅中国共产党新闻网（http://cpc.people.com.cn/n/2012/1118/c64094-19612151.html）的相关报道。

③ 可参阅中华人民共和国中央人民政府网站（http://www.gov.cn/zhuanti/2017-10/27/content_5234876.htm）的报道。

④ 可参阅中华人民共和国自然资源部网站（http://gi.mnr.gov.cn/201904/t20190411_2404774.html）的报道。

洋经济已经成为我国国民经济的重要组成部分。相关部委出台了海洋经济发展规划、专项工作等政策，全面推进海洋经济的发展。2016年3月，我国发布的《国民经济和社会发展第十三个五年规划纲要》中提出建设海洋经济发展示范区。[①]同年12月，国家发展和改革委员会、原国家海洋局联合发布的《关于促进海洋经济发展示范区建设发展的指导意见》提出“十三五”时期，在全国设立10—20个示范区（截至目前已支持14个海洋经济发展示范区开展建设工作）。[②]2017年5月，国家发展和改革委员会制定的《全国海洋经济发展“十三五”规划》[③]提出“到2020年，我国海洋经济发展空间将不断拓展，综合实力和质量效益进一步提高，海洋产业结构和布局更趋合理，海洋科技支撑和保障能力进一步增强，海洋生态文明建设取得显著成效，海洋经济国际合作取得重大成果，海洋经济调控与公共服务能力进一步提升，形成海陆统筹、人海和谐的海洋发展新格局”。2017年，农业部公布了《国家级海洋牧场示范区建设规划（2017—2025年）》[④]，对海洋渔业发展方式、产业链条、海洋牧场综合效益的发挥等关键环节发力，聚焦于海洋渔业资源可持续利用和生态环境保护的矛盾问题，尝试转变海洋渔业发展方式，制定了促进海洋经济发展和海洋生态文明建设的重要举措。

浙江省历来重视海洋经济的发展，在发展战略上经历了从“海洋经济大省”[⑤]到“海洋经济强省”，再到“海洋强省”的演变过程。2003年，中共浙江省委、浙江省人民政府出台关于建设海洋经济强省的若干意见；同年，在浙江省委十一届四次全会上，发展海洋经济被明确纳入“八八战略”。近10年来，浙江省不断推动海洋强省发展规划，连续出台了《浙江海洋经济发展

① 可参阅新华网(http://www.xinhuanet.com/politics/2016lh/2016-03/17/c_1118366322.htm)的报道。

② 可参阅中华人民共和国国家发展和改革委员会网站(https://www.ndrc.gov.cn/xxgk/zcfb/tz/201701/t20170117_962874.html)的报道。

③ 可参阅中华人民共和国国家发展和改革委员会网站(http://zfxxgk.ndrc.gov.cn/web/iteminfo.jsp?id=419)的报道。

④ 可参阅中华人民共和国中央人民政府网站(http://www.gov.cn/gongbao/content/2018/content_5277757.htm)的报道。

⑤ 浙江省早在1994年就提出建设“海洋经济大省”的战略目标，并实施了《浙江省海洋开发规划纲要(1993—2010年)》。

试点工作方案》[①]《浙江省海洋新兴产业发展规划（2010—2015）》[②]《浙江海洋经济发展“822”行动计划（2013—2017）》[③]《浙江省海洋港口发展“十三五”规划》[④]《浙江省现代海洋产业发展规划（2017—2022）》[⑤]。2017年6月，浙江省第十四次党代会报告明确提出了“5211”海洋强省行动[⑥]。至此，浙江省的“海洋强省”战略得到全面推进。

经过多年的持续建设，浙江省海洋经济发展取得了较好的成绩。根据《中国海洋统计年鉴》，2018年浙江省海洋经济生产总值达到了7965亿元，占地区生产总值的比重为14.17%。2019年，上述两项指标分别为8739亿元和14.02，海洋经济生产总值同比提升了9.72%。海洋经济已经成为地区经济发展的重要动力。在保持经济规模较快增长的同时，浙江省的海洋经济发展还存在一些需要解决的问题，特别是在我国经济由高速增长阶段转向高质量发展阶段的大背景下，海洋经济发展的地区差异、产业布局情况究竟如何，海洋经济发展中的结构优化效应、协同联动效应达到了怎样的水平，海洋资源的重要发展区域——海岛经济的进程，以及全省海洋经济的高质量发展水平等方面的统计测度问题却无法得到解决。

基于此，本书以浙江省海洋经济发展评估与应用研究为主题，围绕浙江省近15年的发展情况，试图回答以上问题。我们认为本书的研究意义在于：第一，开展了浙江省海洋经济发展数据的整理工作，将统计、海洋、自然资

① 可参阅《浙江省人民政府办公厅关于印发浙江海洋经济发展试点工作方案的通知》(浙政办发〔2011〕30号)。

② 可参阅《浙江省海洋新兴产业发展规划(2010—2015)》(浙政办发〔2011〕8号)。

③ 可参阅《浙江省人民政府办公厅关于印发浙江海洋经济发展“822”行动计划(2013—2017)的通知》(浙政办发〔2013〕89号)。

④ 可参阅《浙江省人民政府办公厅关于印发浙江省海洋港口发展“十三五”规划的通知》(浙政办发〔2016〕42号)。

⑤ 浙江省海洋港口发展委员会于2017年牵头制定。

⑥ 其中："5"指五大战略举措，即浙江海洋经济发展示范区建设、舟山群岛新区建设、舟山江海联运服务中心建设、中国(浙江)自贸试验区建设、义甬舟开放大通道建设；"2"指2个战略目标，即"海洋强省"和"国际强港"；"11"指11项重点工作措施，即强化规划引领、突破关键领域、主抓重大项目、构筑特色平台、做强海洋产业、拓展港口腹地、建设海洋生态、集聚科技人才、加大政策激励、优化服务保障、创新体制机制。详细可见中国共产党浙江省第十四次代表大会报告《坚定不移沿着"八八战略"指引的路子走下去，高水平谱写实现"两个一百年"奋斗目标的浙江篇章》，网页可见 https://zj.zjol.com.cn/news/674717.html。

源、生态环境、科技和教育等部门有关海洋的统计资料进行汇总，以评估为目的，形成了相应的数据库；第二，针对海洋经济发展情况进行系统测算，解释了海洋经济发展的水平、结构效应及协同效应等，形成了相应的测评指标体系、评价模型等成果，并开展了多主题、相互关联的评估应用工作；第三，通过研究、测算与分析，展示了海洋经济发展过程中存在的问题与不足，为相关部门的科学决策提供基础依据。

二、研究内容与框架

本书围绕海洋经济的评估问题，从浙江省海洋经济现状分析出发，对研究内容进行设计。全书共分为6章，具体安排如下：

第一章是浙江省海洋经济发展的演变趋势。主要利用2006年以来浙江省海洋经济发展相关指标，从规模、效率与增速这3个方面分析了海洋经济的变动；从相对份额的角度，分别分析了浙江省海洋经济规模占全国的比重、浙江省海洋经济占全省地区生产总值的比重、海洋经济就业比重的变化；从产业结构的角度，分析了浙江省海洋三次产业结构的变动趋势、海洋产业间增长速度的分异特征及浙江省海洋产业结构与其他沿海省份的差异。

第二章是浙江省海洋经济发展的分异特征。主要围绕海洋生产总值及其增速的地区差异，以及海洋产业结构的地区差异情况进行分析；在分产业视角下，分别对浙江省7个沿海地区的海洋产业发展情况进行对比分析；基于产业集聚的视角，测算浙江省海洋产业的整体集聚度和各个海洋产业的集聚度，并分析海洋产业与地区经济的关联性。

第三章是浙江省海洋产业结构优化的经济增长效应。通过对相关文献的梳理，利用多部门经济模型，测算浙江省海洋三次产业结构的变动对海洋经济生产总值的贡献度；基于分产业的视角，开展了产业结构变动对海洋经济增长的弹性分析，并总结浙江省海洋产业结构变动对海洋经济生产总值的影响趋势。

第四章是浙江省海洋经济高质量发展综合评价。在对海洋经济高质量发展的特征进行总结的前提下，通过构建海洋经济高质量发展评价指标体系，采用层次分析法构权，结合2006—2018年的统计数据开展了实际测算，从整体与分系统的角度，分别解释了海洋经济高质量发展的8个影响因素的变化情况，并据此提出若干政策建议。

第五章是浙江省海陆统筹发展效率评价。在对海陆统筹相关文献进行梳理的基础上，对地区国民经济与海洋经济进行关联性分析、因果分析，利用数据包络分析方法开展海陆统筹发展效率测算工作，并将浙江省的测算结果与福建、山东两省进行对比分析。

第六章是浙江省海岛县域经济综合发展评价。在总结相关研究成果的基础上，构建了海岛县域经济综合发展评价指标体系，采用CRITIC法对指标权重进行分配；同时，考虑海岛经济发展过程中的动态特征，基于动态TOPSIS法综合考虑评价对象、评价指标与数据时间3个维度，通过引入时间权重，建立动态指标加权模型。在此基础上，逐一对各个海岛县开展测算与分析并提出相关建议。

三、研究方法与创新点

本书围绕海洋经济的评估问题，以统计测度与分析为目标，综合运用了综合评价、计量经济、数据包络分析、多目标决策等多种方法。

综合评价理论与方法。我们利用多指标综合评价理论，根据不同的海洋经济评估主题，通过构建指标体系、指标权重的优化分配、指标的无量纲化处理等过程，以综合得分的方式展示评价内容的整体水平。这一方法被应用于第四章和第六章的评价问题中。

计量经济方法。我们主要应用了因果检验、多部门分解模型。在第三章，用于定量测算产业结构优化对海洋经济增长的贡献及海洋三次产业促进海洋经济增长的影响效应；在第五章，用于对海陆统筹评价指标的平稳性、因果关系进行检验。

数据包络分析方法。针对第五章海陆统筹效率评价的问题，我们采用数据包络分析方法，测算海陆统筹发展的相对有效性，并根据该方法的测算结果，展开沿海省份之间的比较。

多目标决策方法。我们主要将灰色关联分析方法、贴近理想点方法、熵权法、层次分析法等应用于相应的评估环节的问题。例如，在第二章，我们采用灰色关联分析方法分析涉海市海洋各产业与地区经济的关联情况；在第六章，我们构建CRITIC-TOPSIS法，并将之应用于海岛县域经济综合发展评价。

全书的创新之处主要有3个方面：第一，较为系统地围绕浙江省海洋经济发展问题开展评估，分别从产业结构、综合发展、模式协调、重点区域及海洋经济发展的地区差异特点进行研究；第二，开展海洋经济发展指标的系统梳理，在海洋统计制度较不健全、相关数据更新频率较慢的前提下，将散落在各部门的海洋经济发展数据进行整理，开展部分指标的统计推算，弥补海洋统计数据的滞后性；第三，在海洋经济研究方面，引入大量的定量测算方法，并针对浙江省海洋经济的发展情况进行了改进和应用，有利于完善海洋经济统计分析的方法体系。

第一章 浙江省海洋经济发展的演变趋势

本章围绕海洋经济总量、海洋产业结构等方面，对浙江省海洋经济整体规模、增速与份额等问题进行“纵向时序分析”与“横向对比分析”。通过对海洋经济规模变动、份额变动和海洋产业结构变动的分析，利用海洋生产总值、单位海岸线产出、海洋经济地区占比、海洋经济三次产业结构等指标，总结浙江省海洋经济发展的现状、特点与变动趋势。

第一节｜浙江省海洋经济的规模变动

海洋经济规模是海洋经济高质量发展的基础。本节将利用《中国海洋经济统计公报》《中国海洋统计年鉴》《浙江统计年鉴》等相关资料，从海洋经济的规模、发展效率、增长速度3个方面，进行整体、产业内差异、地区差异的比较分析。本节结合2006—2018年的动态数据，总结浙江省海洋经济规模发展的趋势。

一、海洋经济规模

浙江省海洋资源丰富，涉海产业众多，海洋经济发展历史悠久。自改革开放以来，海洋经济一直是浙江省地区经济发展的重要构成。海洋经济规模通常用海洋生产总值和增加值来反映。其中，海洋生产总值是指按市场价格计算的沿海地区常住单位在一定时期内海洋经济活动的最终成果，是海洋产业和海洋相关产业增加值之和；增加值是指按市场价格计算的常住单位在一定时期内生产与服务活动的最终成果。根据浙江省的相关数据，2018年，浙江省海洋经济总产值为24 121.42亿元，共实现海洋经济增加值（即海洋生产总值）7965.06亿元。

在地区经济的带动下，浙江省海洋经济总量规模持续增长，海洋经济增加值从2006年的1985.35亿元增长至2018年的7965.06亿元，增长了3.01倍；海洋生产总值从2006年的6217.21亿元增长至2018年的24 121.42亿元，增幅为287.98%。[①]相关数据可见图1.1。

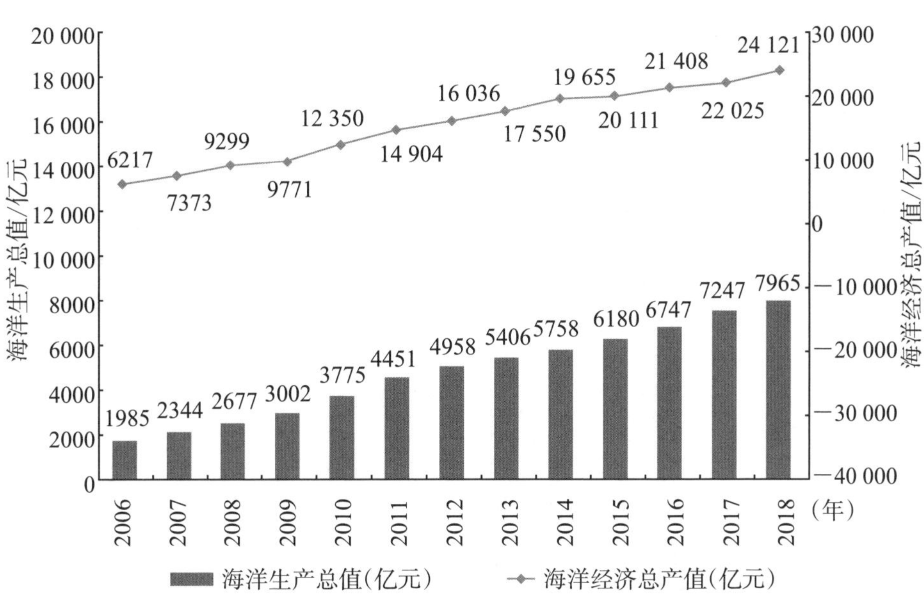

图1.1 浙江省海洋经济产出规模主要指标（2006—2018年）

从图1.1的数据来看，2006—2018年，浙江省海洋经济的产出规模不断扩大，增长趋势十分明显；海洋生产总值、海洋经济总产值这两项指标持续增长。

二、海洋经济效率

在规模持续增长的同时，近年来浙江省海洋经济的效率问题逐渐被关注。为了反映海洋经济产出的效率，本书利用《中国海洋统计年鉴》《中国海洋经济统计公报》的相关数据，测算了海洋生产总值密度和海洋经济增加值率。相关测算公式分别如下：

$$GOPD=\frac{GOP}{CL} \tag{1.1}$$

$$VAR=\frac{GOP}{GOOE}\times 100\% \tag{1.2}$$

其中，$GOPD$表示海洋生产总值密度；VAR表示海洋经济增加值率；GOP表示

① 由于海洋经济统计口径在2006年发生较大的调整，采用2006年以来的数据展开分析。

海洋生产总值；*GOOE*表示海洋经济总产值；*CL*表示海岸线长度[①]。

测算结果显示，2018年浙江省海洋生产总值密度达到了11 862元/千米，海洋经济增加值率达到了33.02%；两项指标分别比2006年提高了3.01倍、1.09个百分点。相关数据可见图1.2。

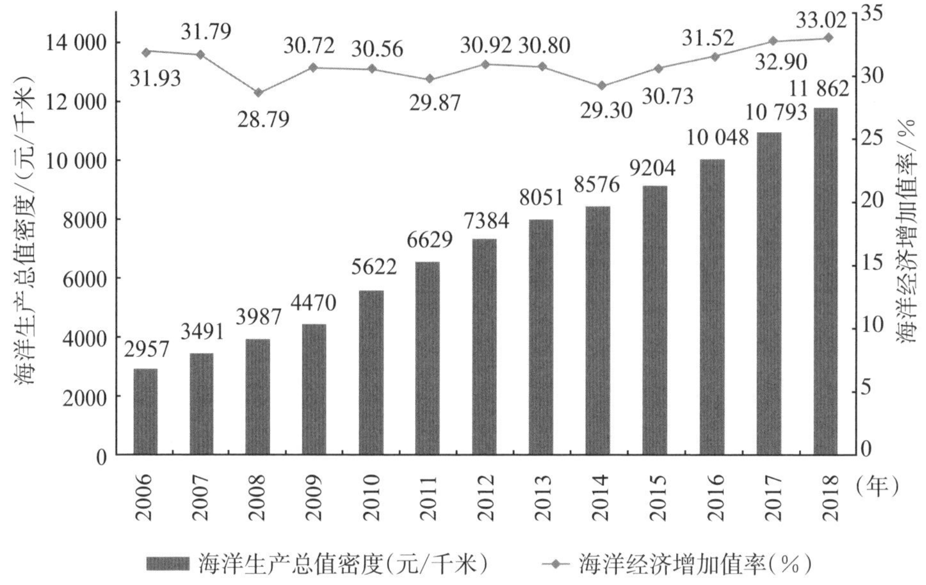

图1.2　浙江省海洋经济产出效率指标（2006—2018年）

2006—2018年，浙江省海洋经济产出效率显著提升，稳步增长；其中，海洋生产总值密度年均增长率为12.63%，海洋经济增加值率基本围绕30%这一中心值上下波动；2015—2018年，其提升趋势明显，已连续4年保持增长。这表明，浙江省海洋经济的产出效率得到了较大程度的改善，海洋经济发展质量不断提升的趋势基本形成。

三、海洋经济增速

为了便于开展浙江省地区经济、海洋经济增速与全国、其他沿海省份情况的对比，本节利用相关年度的《中国海洋经济统计公报》《浙江统计年鉴》《中国海洋统计年鉴》等专业统计资料，进行数据整理和对比计算。相关数据

① 浙江省公布的海岸线长度为6715千米，数据来源于浙江省统计局网站“浙江省情”栏目。

可见表1.1。

表1.1　浙江省海洋经济指标的增产率（2006—2018年）

单位：%

年　份	浙江省海洋经济总产出	浙江省海洋生产总值	全国海洋生产总值	浙江省地区生产总值
2006	19.34	17.02	18.00	17.15
2007	18.60	18.05	14.80	19.31
2008	26.12	14.22	9.90	14.44
2009	5.07	12.12	8.80	7.15
2010	26.40	25.76	15.30	20.65
2011	20.68	17.92	10.00	16.63
2012	7.60	11.39	8.10	7.34
2013	9.44	9.03	7.80	8.69
2014	11.99	6.52	7.90	6.40
2015	2.32	7.33	7.00	6.75
2016	6.45	9.17	6.70	10.18
2017	11.39	7.41	6.90	9.56
2018	9.52	9.91	6.70	7.10

注：2017年、2018年的全国海洋生产总值增长率来自《中国海洋经济统计公报》；2018年的浙江省地区生产总值增长率来源于《2018年浙江省国民经济和社会发展统计公报》，浙江省海洋经济总产出、海洋生产总值来源于《中国海洋统计年鉴》。

由图1.1的浙江省海洋生产总值和表1.1的浙江省海洋生产总值增速，可以发现，2006—2018年，浙江省海洋经济增速转变的趋势较为明显。在“十一五”期间，浙江省海洋经济基本维持高速发展，即便是在2008年金融危机的影响下，增速仍保持在10%以上，2010年增速达到了近年的最高值。“十二五”期间，在经济结构优化调整的政策大背景下，浙江省海洋经济同比增速下降趋势显著，由高速增长向中高速增长转变。2016—2018年，海洋经济增速则有所回稳。根据《中国海洋统计年鉴》，2018年浙江省海洋经济增速在10%左右。自“十一五”以来，浙江省海洋经济增长速度情况可见图1.3。

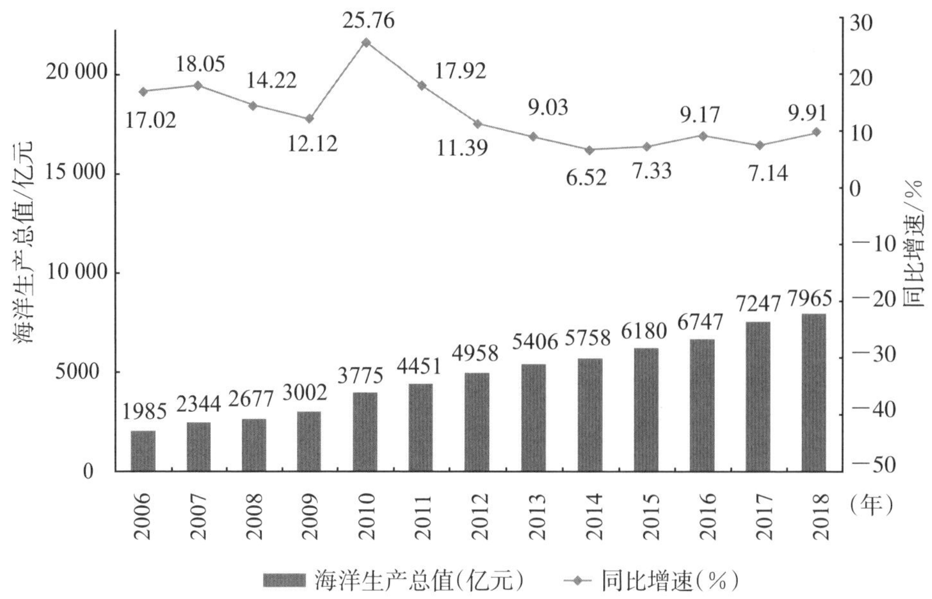

图1.3 浙江省海洋生产总值规模与增速（2006—2018年）

2006—2018年，浙江省海洋生产总值年均保持12.63%的增长速度，高出同期浙江省地区生产总值年均增速约1个百分点（地区生产总值年均增速为11.65%）。从历年的具体情况来看，浙江省部分年度的海洋经济增速明显快于地区经济增速，特别是2009—2012年。但从长期来看，浙江省海洋生产总值增速与地区生产总值增速的缺口值趋于缩小。相关数据可见图1.4。

而从全国范围来看，根据国家海洋局核定的数据（《中国海洋统计年鉴（2017）》），2016年浙江省海洋生产总值为6597.8亿元，虽然整体规模位居全国第6，但相对增速远落后于其他省份。根据年鉴统计数据进行测算，2006—2016年，浙江省海洋生产总值年均增速仅为11.84%，低于全国年均15.93%的增长速度。其年均增速不仅远远落后于海洋经济强省广东（16.50%）、山东（19.12%）、江苏（25.05%）等，而且还低于广西、海南等海洋经济规模较小的沿海省份，在11个沿海省份中位列末席。可见，浙江省海洋经济发展的相对增速放缓，提档换速的迫切性十分突显。相关数据可见图1.5。

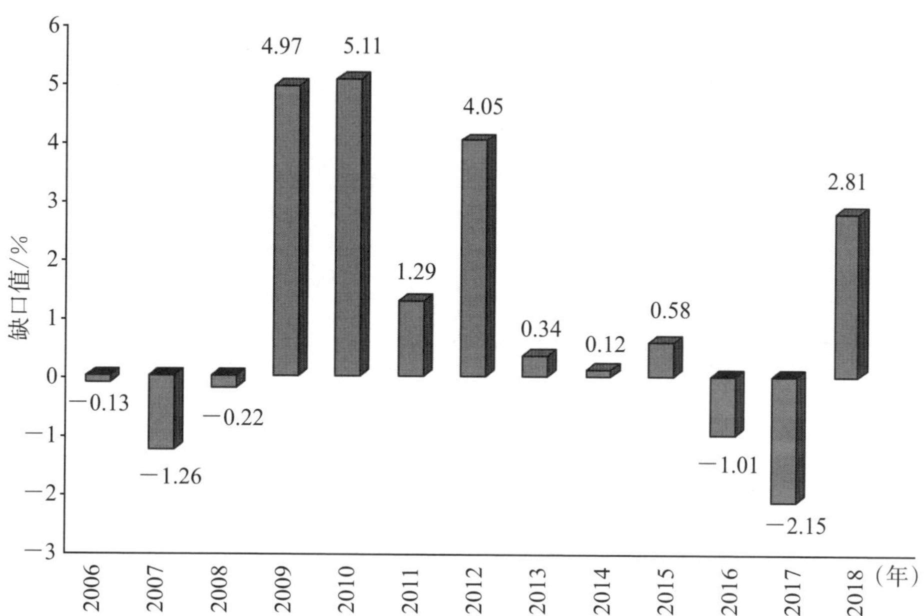

图 1.4 浙江省海洋生产总值增速与地区生产总值增速的缺口值（2006—2018 年）

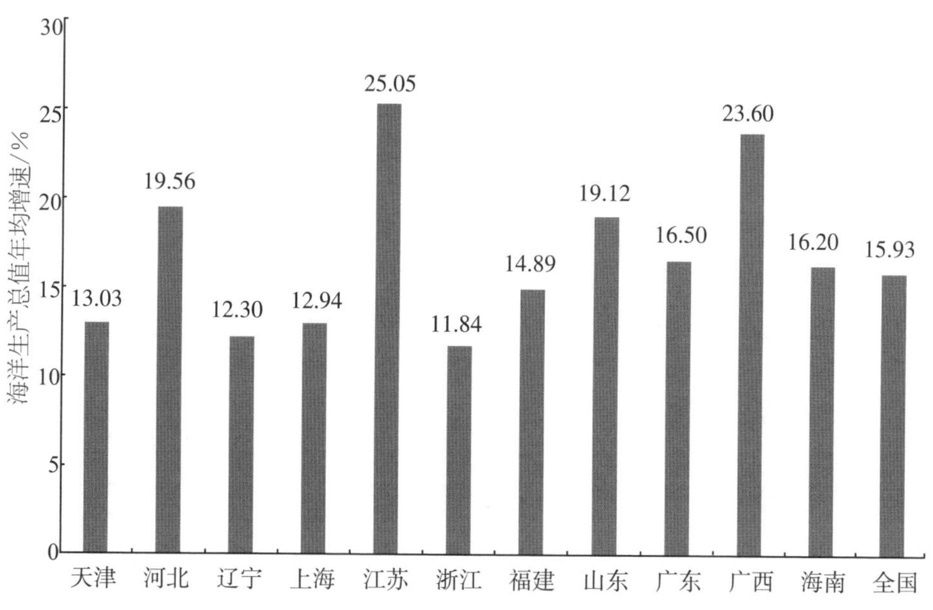

图 1.5 沿海省份及全国海洋生产总值年均增速（2006—2016 年）[①]

① 由于在研究时，2017 年、2018 年全国海洋生产总值及其他省份的相关数据尚未公布，此处采用 2005—2016 年的数据进行测算。相关数据全部来自相关年度的《中国海洋统计年鉴》。

通过本节的分析可以发现，近年来，浙江省海洋经济规模持续扩大，海洋经济的产出效率提升明显。但与全国及其他沿海省市平均水平相比，浙江省海洋经济的增速放缓，海洋经济规模下降。因此，如何加快海洋经济的相对增速，追赶海洋经济较为发达的广东、山东等省份，已经成为浙江省海洋经济发展的重点之一。

第二节｜浙江省海洋经济的份额变动

在海洋经济总量分析的基础上，本节我们将围绕海洋经济占全省经济的份额、浙江省海洋经济占全国的份额两个方面开展分析，并根据动态数据的测算结果总结海洋经济在全省、全国的演变特点。

一、海洋经济规模占全国的份额变动

根据公布的《中国海洋统计年鉴（2017）》，2016年浙江省海洋生产总值为6597.8亿元，约占当年全国海洋生产总值的9.47%，在全国位居第6，落后于广东、山东、福建、上海和江苏等省市，但与江苏省的差距进一步缩小了。

与2006年的数据相比，虽然浙江省海洋生产总值占全国的份额提升了0.72个百分点，但相对位次从全国的第4下降至第6，如表1.2所示。

表1.2　沿海省市的海洋生产总值占全国份额情况[①]

地　区	2016年			2006年		
	海洋生产总值（亿元）	份额（%）	排　名	海洋生产总值（亿元）	份额（%）	排　名
天津	4045.8	5.81	7	1369.0	6.45	7
河北	1992.5	2.86	9	1092.1	5.15	9
辽宁	3338.3	4.79	8	1478.9	6.97	6
上海	7463.4	10.71	4	3988.2	18.79	3
江苏	6606.6	9.48	5	1287.0	6.06	8

① 此处为便于开展全国对比，浙江省的海洋生产总值采用了《中国海洋统计年鉴》的数据。

续 表

地 区	2016年			2006年		
	海洋生产总值（亿元）	份额（%）	排 名	海洋生产总值（亿元）	份额（%）	排 名
浙江	6597.8	9.47	6	1856.5	8.75	4
福建	7999.7	11.48	3	1743.1	8.21	5
山东	13 280.4	19.06	2	3679.3	17.34	2
广东	15 968.4	22.91	1	4113.9	19.39	1
广西	1251.0	1.79	10	300.7	1.42	11
海南	1149.7	1.65	11	311.6	1.47	10
全国	69 693.6	100①	—	21 220.3	100	—

从动态数据来看，浙江省海洋生产总值占全国的份额基本上围绕9%的水平上下波动。其中，份额最高的是2009年（10.51%），最低的则是2015年（8.74%），2016年出现较大幅度的提升。相关数据可见图1.6。

二、海洋经济规模占全省的份额变动

海洋生产总值占全省地区生产总值的比重，反映了海洋经济在全省经济中的重要性。根据《中国海洋统计年鉴》，2018年浙江省海洋生产总值占全省地区生产总值的比重达到了14.17%，与2006年相比，提升了1.54个百分点。

从历年统计数据来看，该项指标得到整体提升且趋势明显；特别是2012—2018年，份额均稳定在14%以上。相关数据可见图1.6。

但受宏观经济结构性调整的影响，海洋经济增速与地区经济增速表现得并不一致。从图1.4可以看出，海洋经济增速与地区经济增速之间的缺口值在不同年度存在较大的“方向性波动”。因此，提升海洋经济规模占全省经济的份额的难度较大。显然，要实现份额的提升，势必要先持续性地实现海洋经济增速高于全省经济增速这一目标。

① 注：各数字为四舍五入得到，最后加总为100.01%，这里约为100%。

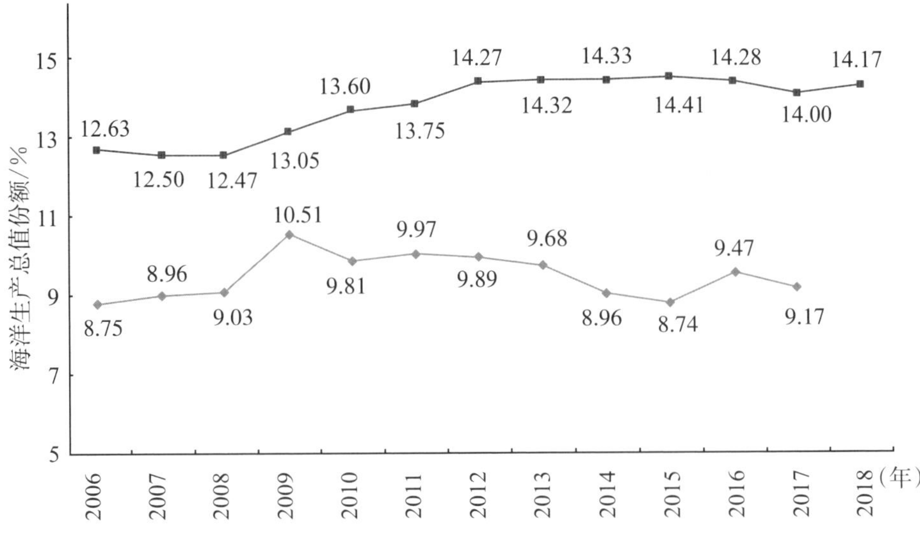

图1.6　浙江省海洋生产总值的份额指标（2006—2018年）

三、海洋经济就业规模

随着海洋经济的发展，涉海就业人员数逐年增长。涉海就业人员规模反映了海洋经济的贡献度。为了进一步分析海洋经济的贡献度，我们利用相关数据分别计算了以下两个指标：

$$OREPR_1=\frac{OREP}{TEP}\times 100\% \tag{1.3}$$

$$OREPR_2=\frac{OREP}{COREP}\times 100\% \tag{1.4}$$

其中，$OREPR_1$，$OREPR_2$分别表示浙江省海洋经济就业份额、全国海洋经济就业份额；$OREP$表示涉海就业人员数；TEP，$COREP$分别表示浙江省就业人员数、全国涉海就业人员数。

笔者利用相关年份的《浙江统计年鉴》《中国海洋统计年鉴》，分别对两项指标进行了测算①。相关结果可见表1.3和表1.4。

① 各地区的涉海就业人员数来源于《中国海洋统计年鉴》，浙江省就业人口数来源于《浙江统计年鉴》。

表 1.3 浙江省涉海就业人员规模与份额

年 份	全省涉海就业人员数(万人)	全省就业人口数(万人)	比重(%, $OREPR_1$)
2006	360.10	3172.38	11.35
2007	383.40	3405.01	11.26
2008	391.50	3486.53	11.23
2009	397.90	3591.98	11.08
2010	407.60	3636.02	11.21
2011	416.30	3674.11	11.33
2012	422.00	3691.24	11.43
2013	427.50	3708.73	11.53
2014	432.30	3714.15	11.64
2015	436.60	3733.65	11.69
2016	440.70	3760.00	11.72

表 1.4 2016 年沿海地区涉海就业人员数与地区占比

省 份	涉海就业人员数(万人)	占全国的份额(%, $OREPR_2$)	排 名
天津	182.90	5.05	8
河北	99.70	2.75	11
辽宁	336.90	9.30	5
上海	219.10	6.05	6
江苏	200.90	5.55	7
浙江	440.70	12.17	4
福建	446.40	12.32	3
山东	549.80	15.18	2
广东	868.50	23.98	1
广西	118.40	3.27	10
海南	138.50	3.82	9
全国	3601.80	99.44	—

2006—2016 年，浙江省涉海就业人员数持续增长。2016 年涉海就业人员规模达到了 440.7 万人，比 2006 年增长 22.38%。在此期间，涉海就业人员规

模年均增长2.04%，高于同期全省就业人口的增速（1.71%）。而根据表1.3的测算结果，浙江省涉海就业人员占全省的比重，基本维持在11.30%左右；2011—2016年，增长趋势十分明显。在2016年，该项指标达到了11.72%，表明海洋经济有效地促进了全省就业规模的扩大。

而从沿海省份之间的比较来看，2016年浙江省的涉海就业人员数居全国第4位，占全国的比重为12.17%，低于广东、山东和福建3个省份。由相关数据不难发现，浙江省涉海就业人员规模不断扩大，海洋经济的发展是拉动全省就业岗位增加的重要因素之一。从全国范围来看，浙江省也是涉海就业的重要构成部分。

根据相关指标的测算和分析结果，浙江省海洋经济虽然近年来增速相对落后，但无论是从省内还是从全国的层面来看，其份额仍较大，涉海就业人员规模和就业人员占比在全国海洋经济中均居重要的位置。在促进浙江省海洋经济发展的过程中，加快海洋经济增速是进一步拉动全省经济发展的重要引擎。

第三节 | 浙江省海洋产业结构的变动

海洋三次产业之间的比重关系反映了海洋产业的重要性差异，通常用海洋产业的经济规模（如总产出、增加值）、就业规模等进行测算。海洋三次产业结构的动态变化，则反映了一个地区海洋经济发展的特点和趋势。本节将利用浙江省海洋各产业的历年数据，动态分析浙江省海洋产业结构的变动趋势、分产业发展特点与规律。

一、海洋三次产业结构

根据《国民经济行业分类》（GB/T 4754—2011）、海洋行业标准《海洋经济统计分类与代码》（HY/T 052—1999），海洋第一产业指海洋渔业；海洋第二产业指海洋石油和天然气业、海滨砂矿业、海洋化工业、海洋盐业、海洋生物医药业、海洋船舶业、海洋电力和海水利用业、海洋工程建筑业等；海洋第三产业指海洋滨海旅游业，交通运输业，以及海洋科学研究、教育、社会服务业等。对于浙江省海洋三次产业的划分，本部分将采用以上分类，利用海洋产业的增加值指标开展测算和分析。

根据《浙江统计年鉴》，2018年浙江省海洋三次产业结构比例为6.66∶34.24∶59.10；海洋第三产业已经成为浙江省海洋经济的主体。相关数据可见表1.5。

表1.5 浙江省海洋三次产业占比（2006—2018年）

单位：%

年　份	海洋第一产业比重	海洋第二产业比重	海洋第三产业比重
2006	9.90	41.80	48.30
2007	8.90	42.00	49.10
2008	8.10	40.80	51.10
2009	7.90	41.40	50.70
2010	7.60	42.40	50.00
2011	7.90	41.30	50.80
2012	7.50	40.30	52.20
2013	7.51	40.67	51.82
2014	7.42	39.29	53.28
2015	7.48	39.37	53.15
2016	7.60	38.36	54.05
2017	7.14	34.99	57.86
2018	6.66	34.24	59.10

注：由于统计上的误差，部分数据相加后不为100%，后同。

从历史数据来看，海洋经济“一稳二降三提升”的结构变动趋势十分明显，与2006年相比，2018年第三产业比重提升了10.80个百分点，而第二产业、第一产业则分别下降了7.56个百分点、3.24个百分点。

值得注意的是，2015年以后，浙江省海洋经济结构的调整速度加快，主要表现为海洋第二产业的大幅下降和第三产业的大幅提升。根据我们对细分行业的测算，海洋第二产业中的涉海工业下降幅度较大，与2015年相比，2018年该项占比的下降幅度超过了4.50个百分点；而涉海建筑业则基本保持稳定水平。相关数据可见图1.7。

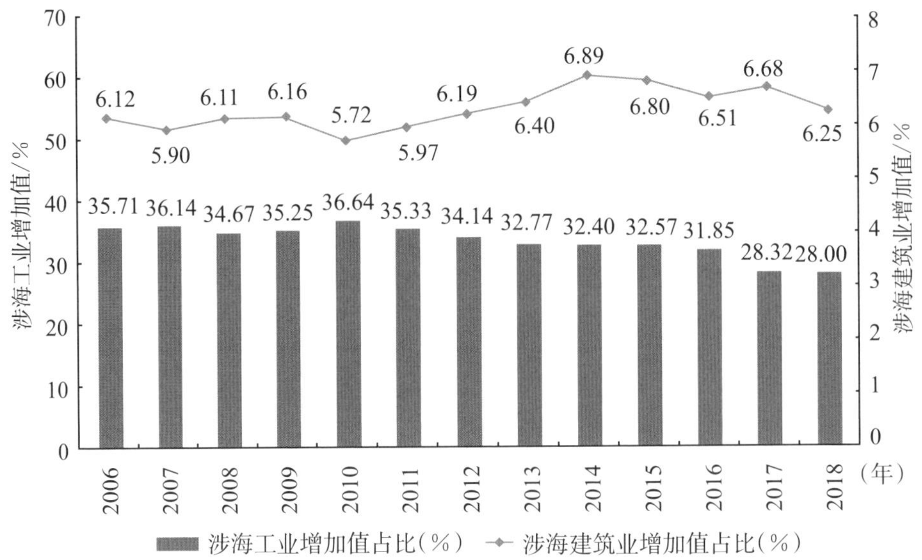

图1.7 浙江省海洋第二产业增加值占比情况（2006—2018年）

在海洋第三产业中，海洋相关服务业的发展较快[①]。由于海洋科研教育管理服务业从海洋服务业中独立出来进行核算，虽然海洋服务业的份额有所下降，但海洋科研教育管理服务业的份额大幅提升，从2012年的7.45%提升至2018年的14.57%，进一步优化了海洋第三产业的内部结构，促进了海洋科技的发展。相关数据可见表1.6。

表1.6 浙江省海洋第二产业和第三产业的内部结构（2006—2018年）

单位：%

年份	第二产业		第三产业				
	涉海工业	涉海建筑业	海洋港口运输业	滨海旅游业	海洋批零贸易业	海洋服务业	海洋科研教育管理服务业
2006	35.71	6.12	8.57	6.60	5.50	27.58	—
2007	36.14	5.90	8.58	6.70	5.55	28.23	—
2008	34.67	6.11	10.01	6.87	4.26	29.96	—

① 这里的海洋相关服务业包括海洋服务业和海洋科研教育管理服务业，其中海洋科研教育管理服务业从2011年开始从海洋服务业中独立出来，开展单独核算。

续 表

年 份	第二产业		第三产业				
	涉海工业	涉海建筑业	海洋港口运输业	滨海旅游业	海洋批零贸易业	海洋服务业	海洋科研教育管理服务业
2009	35.25	6.16	8.28	8.63	4.36	29.39	—
2010	36.64	5.72	8.25	12.71	4.29	24.80	—
2011	35.33	5.97	7.82	12.90	4.54	25.57	—
2012	34.14	6.19	7.18	13.09	4.67	27.27	7.45
2013	32.77	6.40	6.22	15.02	5.24	17.48	7.85
2014	32.40	6.89	6.27	15.42	5.13	16.42	10.04
2015	32.57	6.80	6.02	15.59	4.98	15.41	11.15
2016	31.85	6.51	5.65	15.34	4.73	15.75	12.58
2017	28.32	6.68	6.30	15.45	4.90	16.86	14.35
2018	28.00	6.25	6.42	15.87	4.84	17.38	14.57

从相关数据来看，浙江省海洋产业结构“三二一”的格局已经形成，海洋第三产业已经成为浙江省海洋经济的主要支柱产业。产业内部的调整幅度加大，第二产业中的涉海工业下降幅度较快，第三产业中的滨海旅游业、海洋服务业等新兴产业加速发展。

二、分产业的差异性表现

在产业结构调整优化的背景下，各产业之间的发展表现出明显的差异性。为了开展产业间的对比，本节利用相关年份的《中国海洋统计年鉴》《浙江统计年鉴》等统计资料，整理汇总了各海洋产业2014—2018年的年均增速、2016—2018年的同比增速等指标数据，具体可见表1.7。

根据表1.7的数据，2014—2018年的5年间，年均增速居前5位的产业分别是海洋电力业（52.74%）、海洋工程建筑业（30.63%）、海洋生物医药业（19.19%）、海洋科研教育管理服务业（17.02%）和滨海旅游业（11.24%）。海洋水产品加工、海洋矿业、海洋盐业、海洋船舶工业则出现负增长，分别为−2.25%、−0.61%、−5.41%、−0.91%。

从2016—2018年的同比增速来看，海洋第一产业中，海洋渔业（海洋水产品)、海洋农林业的波动十分明显。海洋第二产业中，海洋矿业、海洋工程建筑业有较大的增长，海洋化工业、海洋船舶工业的波动较大，海洋生物医药业、海洋设备制造业基本保持平稳，海洋盐业、海水利用业有所改善，涉海产品及材料制造业有所增长。而从海洋第三产业来看，海洋服务业、海洋科研教育管理服务业保持较高的增速，滨海旅游业、海洋交通运输业、海洋批发与零售业的增速整体呈现加快的趋势。

表1.7　相关海洋产业增加值与增速

单位：%

海洋产业	2014—2018年平均增速	2018年同比增速	2017年同比增速	2016年同比增速
海洋渔业(海洋水产品)	6.37	2.60	1.79	12.40
海洋农林业	2.56	1.90	−1.71	5.96
海洋水产品加工	−2.25	3.82	−3.93	6.77
海洋矿业	−0.61	21.31	−0.13	2.37
海洋盐业	−5.41	3.47	−26.55	−10.78
海洋化工业	8.57	10.67	−0.03	26.86
海洋生物医药业	19.19	12.53	23.31	19.08
海洋电力业	52.74	7.52	18.66	42.88
海水利用业	0.78	4.72	−4.83	−8.11
海洋船舶工业	−0.91	13.63	−43.09	25.45
海洋设备制造业	7.27	9.50	8.27	9.10
涉海产品及材料制造业	1.58	9.15	0.79	4.06
海洋工程建筑业	30.63	138.03	11.44	8.65
海洋交通运输业	7.88	12.05	19.74	2.56
滨海旅游业	11.24	12.94	8.18	7.42
海洋科研教育管理服务业	17.02	11.60	22.57	23.06
海洋批发与零售业	8.24	8.56	11.42	3.63
海洋服务业	8.51	13.35	14.94	11.60

根据测算结果，浙江省海洋三次产业结构在不断优化的同时，产业内部的分化现象十分明显。第一产业内部基本保持稳定，第二产业中代表新兴工业的海洋生物医药业、海洋设备制造业、涉海产品及材料制造业增速较快，

第三产业内的生活性服务业、海洋科研教育管理服务业等呈现增长趋势。

三、浙江省海洋产业结构与其他地区的比较

上文从纵向分析了浙江省海洋产业结构的变动趋势和特征，为了进一步对比浙江省与其他沿海地区在产业结构上的差异，本小节利用全国、山东、辽宁等的相关数据进行对比分析。

（一）与全国的对比

利用《中国海洋统计年鉴》的相关数据，我们将全国与浙江省的产业结构进行整理，如表1.8所示。根据表1.8，与全国平均水平相比，2016年浙江省海洋产业结构呈现“两高一低”的格局；其中，海洋第二产业的比重低于全国平均水平，海洋第一产业和第三产业的比重高于全国平均水平。

表1.8　浙江省与全国的海洋产业结构对比（2006—2016年）

单位：%

年　份	浙江省			全　国		
	海洋第一产业比重	海洋第二产业比重	海洋第三产业比重	海洋第一产业比重	海洋第二产业比重	海洋第三产业比重
2006	7.42	39.65	52.93	5.30	47.00	47.70
2007	6.86	40.53	52.61	5.00	46.00	49.00
2008	8.67	41.98	49.35	5.00	47.00	48.00
2009	7.02	45.95	47.02	5.90	47.10	47.00
2010	7.38	45.40	47.22	5.00	47.00	48.00
2011	7.72	44.57	47.70	5.10	47.90	47.00
2012	7.47	44.07	48.46	5.30	45.90	48.80
2013	7.19	42.95	49.86	5.40	45.80	48.80
2014	7.86	36.86	55.28	5.10	43.90	51.00
2015	7.68	35.97	56.35	5.10	42.20	52.70
2016	7.57	34.75	57.68	5.10	39.70	55.20

数据来源：《中国海洋统计年鉴》(2007—2017)。

而从动态数据来看，浙江省海洋三次产业结构的调整趋势基本稳定。与全国相比，2006—2016年，浙江省海洋第二产业的比重一直低于全国平均水平；浙江省海洋第一产业的比重基本上均高于全国平均水平；除个别年度

外，浙江省海洋第三产业的比重也高于全国平均水平。从以上的分析来看，浙江省海洋三次产业的合理程度要高于全国，这主要得益于依托地区产业结构的调整方向，大力发展了具有地区特色的海洋渔业、海洋第三产业。

（二）与其他沿海省份的对比分析

虽然浙江省海洋经济总产值在不断上升，产业结构也在不断调整，但作为一个海洋资源较为丰富的省份，其相较于其他沿海城市发展水平如何呢？本小节选择辽宁、山东两个沿海地区开展相应的对比。表1.9给出了浙江省与辽宁、山东两省的海洋三次产业结构的具体比较情况。

表1.9 浙江省与其他省份海洋产业结构比较

单位：%

年 份	浙江省			辽宁省			山东省		
	一产占比	二产占比	三产占比	一产占比	二产占比	三产占比	一产占比	二产占比	三产占比
2006	7.42	39.65	52.93	9.90	53.50	36.60	8.34	48.55	43.10
2007	6.86	40.53	52.61	11.25	51.09	37.67	7.60	48.14	44.26
2008	8.67	41.98	49.35	12.15	51.76	36.09	7.20	49.18	43.62
2009	7.02	45.95	47.02	14.50	40.50	42.42	6.99	49.67	43.34
2010	7.38	45.40	47.22	12.06	43.41	44.54	6.28	50.21	43.51
2011	7.72	44.57	47.70	13.07	43.21	43.72	6.74	49.34	43.92
2012	7.47	44.07	48.46	13.18	39.50	47.32	7.23	48.63	44.14
2013	7.19	42.95	49.86	13.35	37.49	49.16	7.38	47.38	45.24
2014	7.86	36.86	55.28	10.69	36.02	53.29	7.04	45.08	47.88
2015	7.68	35.97	56.35	11.45	35.04	53.51	6.36	44.46	49.19
2016	7.57	34.75	57.68	12.73	35.72	51.56	5.85	43.15	51.00

数据来源：《中国海洋统计年鉴》（2007—2017）。

从表1.9可以看出，在3个省份中，浙江省海洋产业结构的合理性最好。其中，浙江省海洋第三产业的比重最高，第二产业的比重最低。

从2006—2016年的数据来看，山东省海洋第一产业的占比呈现较为明显的下降趋势；而浙江省、辽宁省的变动情况较为稳定。从第二产业占比来看，3个省份均呈现下降趋势；其中，辽宁省变化的幅度最大，2006—2016

年，下降了近18个百分点。

从产业结构转型完成的时间来看，浙江省领先于山东、辽宁两省。2006年，浙江省的海洋第三产业占比就超过了第二产业。而辽宁省、山东省分别在2009年、2014年才实现转型。但从整体来看，第二产业是浙江省海洋经济发展的主要短板。

第四节｜本章小结

从本章的分析来看，2006—2018年，浙江省海洋经济总量持续增长，海洋第三产业发展加快，海洋产业结构不断优化。浙江省海洋经济在地区经济中的重要度提高，在经济结构调整的进程中，发挥了较好的拉动作用。浙江省特色海洋产业、海洋战略性新兴产业发展趋势良好。

但在与其他地区的横向对比中，浙江省海洋经济发展的不足也较为明显。比如，浙江省海洋经济在全国的份额有所下降，海洋经济相对增速放缓，发展后劲不足。特别是在宏观经济由高速增长向中高速增长转变的过程中，海洋第二产业发展遇到了较大的困难。在海洋经济产业结构持续优化的背景下，如何加快海洋经济短板产业的发展，提速换挡，提升效率，更好地促进海洋经济的发展，实现海洋产业的地区优化布局，已经成为浙江省海洋经济高质量发展过程中需要重点关注的问题之一。

第二章

浙江省海洋经济发展的分异特征

本章围绕海洋经济发展的地区差异、海洋产业的地区差异、海洋产业集聚与地区分布等内容，利用《中国海洋统计年鉴》及地区统计年鉴的相关数据，对浙江省沿海地区7个涉海城市进行分析，总结浙江省沿海地区的海洋经济发展水平、产业结构差异、产业集聚特点、产业集聚与地区经济的关联情况。

第一节｜浙江省海洋经济发展的地区分异性

本节将利用《中国海洋统计年鉴》《中国海洋经济统计公报》、浙江省各市级地区年鉴数据，从海洋经济的规模、增长速度两个方面，进行地区差异、产业内差异等的比较分析；并结合2013—2017年的动态数据，总结浙江省沿海地区海洋经济发展趋势。

一、海洋经济规模的地区差异

（一）海洋生产总值的地区差异

浙江省沿海地区海洋经济总量规模基本呈增长趋势。根据2017年浙江省各市公开的海洋经济发展公报，宁波的海洋生产总值最高，与其他涉海市逐渐拉大差距，从2013年的1137.63亿元增长至2017年的1434.28亿元，增幅达到了26.08%。

温州的海洋生产总值从2013年的667.21亿元增长至2017年的957.52亿元，增长了43.51%。绍兴的海洋生产总值最低，2013年为222.96亿元，2017年增加到304.51亿元，增长了81.55亿元。相关数据见表2.1。

表2.1　浙江省沿海地区海洋生产总值（2013—2017年）

单位：亿元

年　份	杭　州	宁　波	温　州	嘉　兴	绍　兴	舟　山	台　州
2013	321.24	1137.63	667.21	382.66	222.96	642.33	416.33
2014	367.46	1213.03	726.27	402.91	244.11	708.74	443.11
2015	398.70	1267.60	790.47	453.15	258.68	765.15	480.67

续 表

年　份	杭　州	宁　波	温　州	嘉　兴	绍　兴	舟　山	台　州
2016	458.44	1364.74	875.38	487.42	285.72	871.70	514.59
2017	535.77	1434.28	957.52	552.81	304.51	793.66	564.32

注：舟山2016年的海洋生产总值有调整，调整后的数值为699.81亿元，但相关部门未公布更新后的具体海洋产业的海洋生产总值，因此本章所用舟山的数据都为未进行更新的初次数据。

（二）海洋经济增速的地区差异

从表2.2可以发现，浙江省沿海地区海洋经济同比增速差异较大。2015年，大部分涉海市的海洋经济规模同比增速下滑，唯有嘉兴和台州同比增速上升，其中嘉兴从2014年的5.29%上升到2015年的12.47%。2014—2017年，杭州的海洋经济同比增速最高，2017年达到16.87%，年均增速为4.31%；其次是嘉兴、温州，年均增速将近10%；宁波和舟山的海洋经济同比增速相对较低，年均增速两地均低于6%，而舟山在2017年出现负增长。

表2.2　浙江省沿海地区海洋生产总值同比增速（2014—2017年）

单位：%

年　份	杭　州	宁　波	温　州	嘉　兴	绍　兴	舟　山	台　州
2014	14.39	6.63	8.85	5.29	9.49	10.34	6.43
2015	8.50	4.50	8.84	12.47	5.97	7.96	8.48
2016	14.98	7.66	10.74	7.56	10.45	13.93	7.06
2017	16.87	5.10	9.38	13.42	6.58	−8.95	9.66

2014—2017年，浙江省沿海地区的海洋生产总值增速与地区生产总值增速的缺口值波动较大，且各地市差异显著。其中，仅温州和绍兴的海洋生产总值增速高出其地区生产总值增速，即缺口值为正；宁波、嘉兴、台州3个海域市的缺口值在大部分年份是负的，表明地区海洋经济增速低于地区经济增速。宁波2017年的缺口值达到了−8.21%。具体可见表2.3。

表2.3 浙江省沿海地区海洋生产总值增速与地区生产总值增速的缺口值（2014—2017年）

单位：%

年　份	杭　州	宁　波	温　州	嘉　兴	绍　兴	舟　山	台　州
2014	4.77	0.41	1.93	−0.70	2.49	1.58	−0.45
2015	−0.67	−0.67	1.52	7.54	1.28	0.32	3.56
2016	2.41	−0.87	0.27	−2.22	3.22	0.35	−2.65
2017	5.47	−8.21	3.31	−0.01	0.53	−7.23	−3.38

二、海洋产业结构的地区差异

本小节根据相关年份的《浙江统计年鉴》及浙江省各地区的统计资料，整理汇总得到沿海地区海洋经济三次产业的数据，并对第一、第二、第三产业之间的差异进行总量分析、份额分析和增速分析。

（一）海洋第一产业的地区差异

浙江省沿海地区海洋第一产业生产总值基本都呈增长趋势。首先，台州、舟山和宁波的海洋第一产业生产总值较高，在2017年都突破了百亿元大关，分别达到131.38亿元、131.10亿元和107.48亿元。其次是温州、杭州等地，2017年的海洋第一产业生产总值分别为48.44亿元、21.81亿元。最后，嘉兴和绍兴的海洋第一产业生产总值较小，前者一直在5.50亿元附近浮动，后者一直未超过3亿元。相关数据见表2.4。

表2.4 浙江省沿海地区海洋第一产业生产总值（2013—2017年）

单位：亿元

年　份	杭　州	宁　波	温　州	嘉　兴	绍　兴	舟　山	台　州
2013	17.98	91.29	37.67	5.59	1.44	85.62	94.79
2014	19.40	91.68	38.70	5.16	1.44	91.73	97.06
2015	20.35	98.03	42.02	5.05	2.23	101.77	108.71
2016	21.01	105.92	45.92	5.18	2.38	117.22	123.42
2017	21.81	107.48	48.44	5.32	2.29	131.10	131.38

2013—2017年，浙江省沿海地区海洋第一产业生产总值平均增速基本为

正值，地区间差异显著，具体可分为4个层次：第一层次是绍兴和舟山，平均增速超过10.00%，分别为12.30%、11.24%；第二层次是台州和温州，平均增速处于5.00%到10.00%之间，分别为8.50%、6.49%；第三层次是杭州、宁波，平均增速分别为4.95%、4.17%；嘉兴属于第四层次，平均增速为负值。相关数据见图2.1。

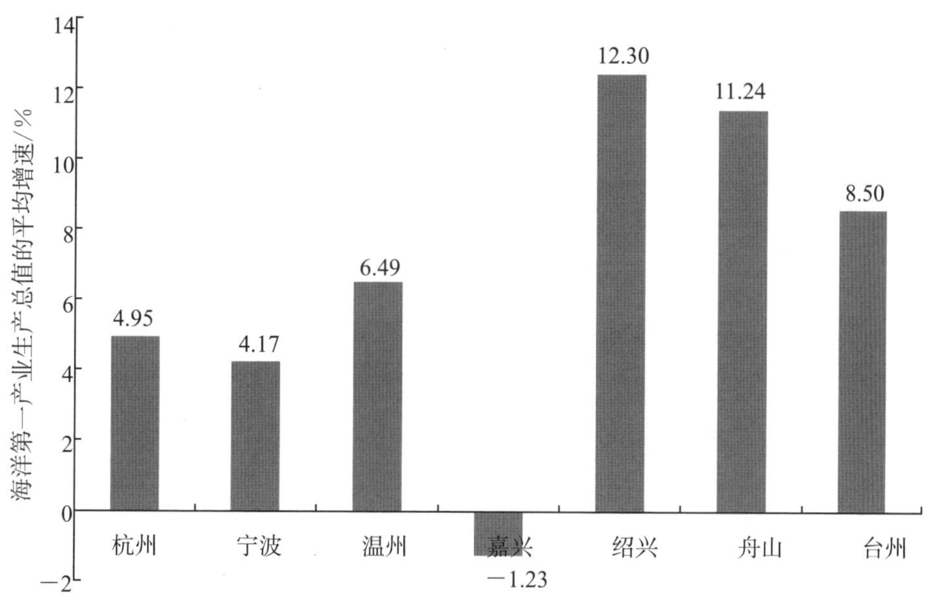

图2.1　浙江省沿海地区海洋第一产业生产总值的平均增速（2013—2017年）

从产业份额看，2013—2017年，浙江省沿海地区海洋第一产业占比相对较低。台州的第一产业占比最高，超过了20%；舟山的第一产业占比处于10%到20%之间，其他几个地区都低于10%，绍兴更是不超过1%。而从变化趋势来看，浙江省沿海地区海洋第一产业占比几乎都呈下降趋势。杭州、宁波、温州和嘉兴的海洋第一产业占比下降趋势十分明显。其中，杭州从2013年的5.60%下降到2017年的4.07%，下降幅度较大。舟山、绍兴、台州的海洋第一产业占比有上升趋势，相关数据见表2.5。

表2.5 浙江省沿海地区海洋第一产业占比（2013—2017年）

单位：%

年 份	杭 州	宁 波	温 州	嘉 兴	绍 兴	舟 山	台 州
2013	5.60	8.02	5.65	1.46	0.65	13.33	22.77
2014	5.28	7.56	5.33	1.28	0.59	12.94	21.90
2015	5.10	7.73	5.32	1.11	0.86	13.30	22.62
2016	4.58	7.76	5.25	1.06	0.83	13.45	23.98
2017	4.07	7.49	5.06	0.96	0.75	16.52	23.28

（二）海洋第二产业的地区差异

浙江省沿海地区海洋第二产业生产总值基本呈增长趋势。宁波的海洋第二产业生产总值最高，2017年达到633.24亿元。其次是舟山，2016年的海洋第二产业生产总值为435.58亿元，2017年下降到311.36亿元。杭州和绍兴的海洋第二产业生产总值较低。相关数据见表2.6。

表2.6 浙江省沿海地区海洋第二产业生产总值（2013—2017年）

单位：亿元

年 份	杭 州	宁 波	温 州	嘉 兴	绍 兴	舟 山	台 州
2013	101.05	547.71	253.45	206.77	146.73	318.69	212.53
2014	114.73	569.17	277.24	210.97	164.00	358.41	219.89
2015	119.36	581.99	296.86	242.42	173.01	377.13	229.13
2016	134.37	631.65	310.86	251.32	191.37	435.58	237.99
2017	149.04	633.24	333.52	285.23	206.56	311.36	247.80

2013—2017年，浙江省沿海地区海洋第二产业生产总值平均增速基本为正值。其中，杭州是唯一一个年平均增速超过10%的涉海市；绍兴、嘉兴和温州的平均增速都处于5%到10%之间；台州和宁波的平均增速则在3.80%左右，而舟山的平均增速为－0.58%。相关数据见图2.2。

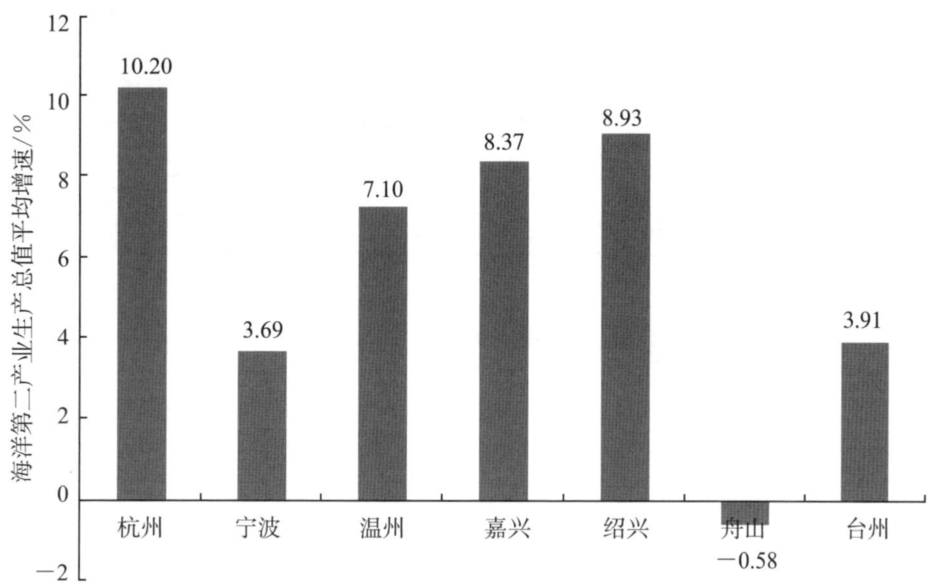

图2.2　浙江省沿海地区海洋第二产业生产总值平均增速（2013—2017年）

从海洋第二产业的占比来看，浙江省沿海地区之间占比差异较为明显。绍兴、嘉兴的海洋第二产业占比较高，分别超过60.00%、50.00%；杭州的海洋第二产业占比最低，在30%左右。从变化趋势来看，浙江省杭州、宁波、温州、嘉兴和台州等地的海洋第二产业占比下降趋势明显，其中台州从2013年的51.05%下降到2017年的43.91%，下降幅度较大。绍兴的海洋第二产业占比围绕着67%上下波动。相关数据见表2.7。

表2.7　浙江省沿海地区海洋第二产业占比（2013—2017年）

单位：%

年　份	杭　州	宁　波	温　州	嘉　兴	绍　兴	舟　山	台　州
2013	31.46	48.15	37.99	54.03	65.81	49.62	51.05
2014	31.22	46.92	38.17	52.36	67.19	50.57	49.63
2015	29.94	45.91	37.55	53.50	66.88	49.29	47.67
2016	29.31	46.28	35.51	51.56	66.98	49.97	46.25
2017	27.82	44.15	34.83	51.60	67.83	39.23	43.91

进一步地从表2.8、表2.9可以看到，2013—2017年，海洋第二产业中涉海工业占了很大的比重，总的来说，绍兴和嘉兴的涉海工业占比较高，杭州和温州的涉海工业占比较低，大部分地区涉海工业占比都呈下降趋势。而沿海地区的涉海建筑业占比基本保持稳定，其中绍兴、舟山和台州的涉海建筑业占比较高，大多年份都超过了10.00%，而杭州的涉海建筑业占比最低，2017年仅为0.73%。

表2.8　浙江省沿海地区涉海工业占比（2013—2017年）

单位：%

年　份	杭　州	宁　波	温　州	嘉　兴	绍　兴	舟　山	台　州
2013	30.16	41.59	30.41	46.76	48.15	35.94	41.18
2014	30.05	40.14	29.94	45.32	50.42	35.81	38.51
2015	28.90	39.18	29.46	47.32	50.23	34.62	36.22
2016	28.45	39.91	27.64	45.74	53.47	36.83	35.63
2017	27.08	37.78	26.47	45.82	53.71	22.52	32.87

表2.9　浙江省沿海地区涉海建筑业占比（2013—2017年）

单位：%

年　份	杭　州	宁　波	温　州	嘉　兴	绍　兴	舟　山	台　州
2013	1.30	6.56	7.58	7.28	17.66	13.67	9.87
2014	1.18	6.78	8.23	7.04	16.76	14.76	11.12
2015	1.03	6.73	8.09	6.18	16.65	14.67	11.45
2016	0.86	6.37	7.87	5.82	13.51	13.13	10.62
2017	0.73	6.37	8.36	5.77	14.13	16.71	11.04

（三）海洋第三产业的地区差异

浙江省沿海地区海洋第三产业生产总值都呈增长趋势。首先，宁波的海洋第三产业生产总值最高，2017年达到693.54亿元，与其他涉海地区拉开了较大的差距。其次是温州，2017年的海洋第三产业生产总值为575.55亿元。绍兴的海洋第三产业生产总值最低，未过百亿元。相关数据见表2.10。

表2.10　浙江省沿海地区海洋第三产业生产总值（2013—2017年）

单位：亿元

年　份	杭　州	宁　波	温　州	嘉　兴	绍　兴	舟　山	台　州
2013	202.20	498.62	376.07	170.32	74.79	238.00	109.01
2014	233.31	552.18	410.34	186.81	78.65	258.58	126.15
2015	259.00	587.59	451.59	205.68	83.43	286.25	142.83
2016	303.06	627.16	518.60	230.92	91.97	318.91	153.19
2017	364.93	693.54	575.55	262.26	95.66	351.18	185.14

2013—2017年，浙江省沿海地区海洋第三产业生产总值平均增速都为正值且较快。首先，杭州、台州的平均增速较高，分别是15.91%、14.16%；其次是嘉兴、温州和舟山，平均增速处于10%到12%之间；最后，宁波和绍兴的平均增速低于10%。相关数据见图2.3。

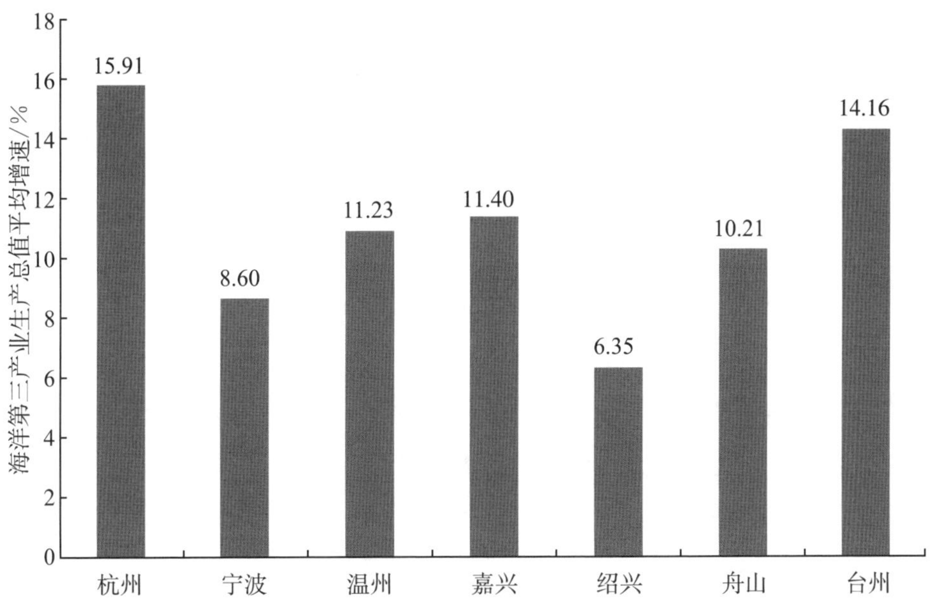

图2.3　浙江省沿海地区海洋第三产业生产总值平均增速（2013—2017年）

从海洋产业份额来看，浙江省沿海地区间差异明显。杭州、温州的海洋第三产业占比较高，分别超过60%、50%；宁波和嘉兴的海洋第三产业份额处于40%到50%之间。从变化趋势看，浙江省沿海地区海洋第三产业份额几乎呈上升趋势，仅有绍兴的海洋第三产业份额略有下降，从2013年的33.54%下降到2017年的31.41%。相关数据见表2.11。

表2.11　浙江省沿海地区海洋第三产业增加值占比（2013—2017年）

单位：%

年　份	杭　州	宁　波	温　州	嘉　兴	绍　兴	舟　山	台　州
2013	62.95	43.83	56.37	44.51	33.54	37.05	26.18
2014	63.50	45.52	56.50	46.36	32.22	36.49	28.47
2015	64.96	46.35	57.13	45.39	32.25	37.41	29.71
2016	66.11	45.95	59.24	47.38	32.19	36.58	29.77
2017	68.11	48.36	60.11	47.44	31.41	44.25	32.81

通过分析可以发现，2013—2017年，浙江省沿海地区海洋经济规模不断扩大，但地区间差距依然存在。宁波的海洋生产总值最高，但从产业份额看，其海洋第二产业占比和第三产业占比旗鼓相当；温州和舟山的海洋生产总值都较高，但前者的海洋第三产业占比超过了第二产业；嘉兴、绍兴和台州的海洋第二产业占比仍是较高的，其中绍兴的海洋生产总值相对较低；杭州的海洋生产总值虽较低，但发展速度快，海洋第三产业占比相对较高。

第二节｜浙江省海洋产业结构变化的地区分异性

按照《海洋及相关产业分类》(GB/T 20794—2006)，根据海洋经济活动性质，海洋经济可以划分为海洋产业和海洋相关产业，其中海洋产业又分为海洋主要产业和海洋科研教育管理服务业。海洋主要产业是中心产业，是海洋经济的核心层。海洋科研教育管理服务业和海洋相关产业是支撑产业，前者是海洋经济的支持层，后者是海洋经济的外围层。

海洋主要产业包括海洋渔业、海洋水产品加工、海洋矿业、海洋盐业、海洋化工业、海洋生物医药业、海洋电力业、海水利用业、海洋船舶工业、海洋工程建筑业、海洋交通运输业、滨海旅游业等。海洋相关产业包括海洋农林业、海洋设备制造业、涉海产品及材料制造业、涉海建筑与安装业、海洋批发与零售业和涉海服务业等。限于数据的可获得性，本部分选取2013—2017年《浙江统计年鉴》、浙江省各市级地区年鉴及统计公报的相关数据，对浙江省沿海地区7个涉海市19个海洋细分产业的结构差异进行分析。

一、杭州海洋产业结构

从表2.12可以看到，在2013—2017年的5年间，杭州海洋相关产业的生产总值最高，其次是海洋主要产业，最后是海洋科研教育管理服务业。年均生产总值排名前5的产业分别是滨海旅游业（79.29亿元）、海洋批发与零售业（66.82亿元）、海洋设备制造业（65.76亿元）、海洋科研教育管理服务业（46.81亿元）和涉海服务业（45.93亿元）；海洋电力业、海水利用业各年的生产总值都为0，海洋矿业、海洋盐业、海洋化工业的年均生产总值不超过1亿元。

2013—2017年，年均增速排名前5的产业分别是海洋科研教育管理服务业（29.12%）、涉海服务业（19.32%）、海洋生物医药业（16.15%）、海洋交通运输业（14.59%）和海洋船舶工业（14.44%）。海洋工程建筑业、涉海建筑与安装业出现负增长，增速分别为−1.23%、−2.40%。

表2.12　杭州海洋经济各产业的产出规模（2013—2017年）

单位：亿元

海洋产业	2013	2014	2015	2016	2017	年均值
海洋生产总值	321.23	367.44	398.71	458.42	535.78	416.30
海洋产业合计	161.92	188.28	210.68	245.84	291.74	219.69
海洋主要产业合计	134.98	156.96	167.95	187.67	216.85	172.88
海洋渔业	6.80	7.27	7.38	7.15	7.40	7.20
海洋水产品加工	2.61	2.43	2.16	2.97	3.39	2.71
海洋矿业	0.07	0.08	0.10	0.08	0.09	0.08
海洋盐业	0.03	0.03	0.04	0.04	0.04	0.04
海洋化工业	0.82	0.85	0.85	0.86	1.07	0.89
海洋生物医药业	32.01	38.08	40.47	50.82	58.26	43.93
海洋电力业	0	0	0	0	0	0

续 表

海洋产业	2013	2014	2015	2016	2017	年均值
海水利用业	0	0	0	0	0	0
海洋船舶工业	1.51	1.84	2.06	2.25	2.59	2.05
海洋工程建筑业	3.10	3.20	3.06	2.93	2.95	3.05
海洋交通运输业	26.05	30.29	32.95	34.01	44.91	33.64
滨海旅游业	61.98	72.89	78.88	86.56	96.15	79.29
海洋科研教育管理服务业	26.94	31.32	42.73	58.17	74.89	46.81
海洋相关产业合计	159.31	179.16	188.03	212.58	244.04	196.61
海洋农林业	11.18	12.13	12.97	13.86	14.41	12.91
海洋设备制造业	56.47	63.19	64.98	68.86	75.32	65.76
涉海产品及材料制造业	3.35	3.91	4.58	4.53	4.35	4.14
涉海建筑与安装业	1.08	1.12	1.06	1.02	0.98	1.05
海洋批发与零售业	56.50	60.91	62.52	67.51	86.68	66.82
涉海服务业	30.73	37.90	41.92	56.80	62.30	45.93

二、宁波海洋产业结构

从表2.13可以看到，2013—2017年，宁波海洋主要产业的生产总值最高，其次是海洋相关产业，最后是海洋科研教育管理服务业。年均生产总值排名前5的产业分别是涉海产品及材料制造业（186.89亿元）、海水利用业（168.88亿元）、涉海服务业（158.65亿元）、海洋交通运输业（136.87亿元）和滨海旅游业（129.89亿元）。海洋矿业、海洋盐业的年均生产总值不超过1亿元，分别是0.37亿元、0.22亿元。

2013—2017年，年均增速排名前5的产业分别是海洋电力业（37.76%）、海洋盐业（23.59%）、海洋生物医药业（20.75%）、海洋科研教育管理服务业（15.77%）和海洋化工业（12.05%）。海洋水产品加工、海洋矿业、海水利用业和海洋船舶工业出现负增长，年均增速分别为−5.06%、−5.20%、−0.16%和−11.93%。

表2.13　宁波海洋经济各产业的产出规模（2013—2017年）

单位：亿元

海洋产业	2013	2014	2015	2016	2017	年均值
海洋生产总值	1137.63	1213.03	1267.60	1364.74	1434.28	1283.46
海洋产业合计	611.42	709.60	715.90	749.42	788.38	714.94
海洋主要产业合计	546.49	628.24	619.70	644.12	671.75	622.06
海洋渔业	76.02	75.86	81.87	88.83	89.78	82.47
海洋水产品加工	10.62	11.81	10.18	9.34	8.63	10.12
海洋矿业	0.52	0.37	0.27	0.27	0.42	0.37
海洋盐业	0.12	0.20	0.32	0.19	0.28	0.22
海洋化工业	17.68	13.38	18.71	22.28	27.87	19.98
海洋生物医药业	3.33	3.69	4.89	5.17	7.08	4.83
海洋电力业	1.28	2.09	3.29	4.53	4.61	3.16
海水利用业	159.34	193.65	169.23	163.90	158.30	168.88
海洋船舶工业	13.96	17.30	13.87	11.21	8.40	12.95
海洋工程建筑业	45.29	51.02	53.25	54.62	57.37	52.31
海洋交通运输业	115.66	136.33	134.15	141.42	156.78	136.87
滨海旅游业	102.67	122.53	129.67	142.37	152.21	129.89
海洋科研教育管理服务业	64.93	81.36	96.20	105.30	116.63	92.88
海洋相关产业合计	526.20	503.43	551.71	615.32	645.89	568.51
海洋农林业	15.27	15.82	16.16	17.10	17.70	16.41
海洋设备制造业	83.55	98.00	94.42	104.12	126.08	101.23
涉海产品及材料制造业	182.72	146.38	181.47	223.67	200.21	186.89
涉海建筑与安装业	29.30	31.28	32.09	32.36	33.99	31.80
海洋批发与零售业	58.97	60.10	75.44	86.48	86.64	73.53
涉海服务业	156.39	151.86	152.13	151.59	181.28	158.65

三、温州海洋产业结构

从表2.14可以看到，2017年的温州海洋相关产业的生产总值最高，其次是海洋主要产业，最后是海洋科研教育管理服务业。2013—2017年间，年均生产总值排名前5的产业分别是涉海服务业（204.42亿元）、滨海旅游业（117.68亿元）、海洋设备制造业（94.65亿元）、涉海产品及材料制造业

（71.44亿元）和海洋批发与零售业（49.95亿元）。海洋矿业、海洋盐业和海洋电力业的年均生产总值不超过1亿元，分别是0.76亿元、0.16亿元和0.26亿元。

2013—2017年，年均增速排名前5的产业分别是涉海服务业（13.52%）、海洋工程建筑业（12.89%）、涉海建筑与安装业（11.94%）、海洋科研教育管理服务业（10.70%）和滨海旅游业（10.19%）。海洋水产品加工、海洋盐业、海洋电力业、海洋船舶工业和海洋交通运输业的年均增速较低，均不超过5.00%。

表2.14 温州海洋经济各产业的产出规模（2013—2017年）

单位：亿元

海洋产业	2013	2014	2015	2016	2017	年均值
海洋生产总值	667.21	726.27	790.47	875.38	957.52	803.37
海洋产业合计	277.36	296.91	316.60	350.74	386.24	325.57
海洋主要产业合计	222.21	238.83	254.51	277.28	303.42	259.25
海洋渔业	29.92	30.36	32.82	36.00	38.01	33.42
海洋水产品加工	9.79	10.07	11.15	11.95	10.75	10.74
海洋矿业	0.66	0.66	0.67	0.89	0.92	0.76
海洋盐业	0.15	0.16	0.16	0.17	0.18	0.16
海洋化工业	2.57	2.55	2.70	2.88	3.24	2.79
海洋生物医药业	1.61	1.82	1.90	2.04	2.21	1.92
海洋电力业	0.23	0.25	0.28	0.29	0.27	0.26
海水利用业	37.35	43.14	43.54	44.42	49.69	43.63
海洋船舶工业	3.12	3.24	3.18	3.61	3.75	3.38
海洋工程建筑业	12.51	14.59	16.44	18.38	20.32	16.45
海洋交通运输业	25.68	26.48	28.33	31.13	28.67	28.06
滨海旅游业	98.61	105.52	113.34	125.52	145.40	117.68
海洋科研教育管理服务业	55.15	58.08	62.10	73.47	82.82	66.32
海洋相关产业合计	389.85	429.36	473.87	524.63	571.28	477.80
海洋农林业	7.75	8.34	9.20	9.92	10.43	9.13
海洋设备制造业	85.61	89.60	95.59	98.07	104.39	94.65
涉海产品及材料制造业	61.81	65.97	73.73	77.64	78.07	71.44
涉海建筑与安装业	38.04	45.19	47.52	50.52	59.73	48.20
海洋批发与零售业	41.79	45.75	47.85	52.89	61.48	49.95
涉海服务业	154.84	174.51	199.97	235.58	257.18	204.42

四、嘉兴海洋产业结构

从表2.15可以看到，2017年，嘉兴海洋主要产业的生产总值最高，其次是海洋相关产业，最后是海洋科研教育管理服务业。2013—2017年，年均生产总值排名前5的产业分别是海水利用业（142.24亿元）、涉海服务业（61.24亿元）、滨海旅游业（59.21亿元）、海洋批发与零售业（36.35亿元）和海洋交通运输业（33.09亿元）。海洋盐业的年均生产总值为0，海洋水产品加工、海洋矿业、海洋电力业和海洋船舶工业的年均生产总值不超过1亿元，分别是0.43亿元、0.13亿元、0.61亿元和0.42亿元。

年均增速排名前5的产业分别是海洋电力业（56.51%）、海洋船舶工业（48.11%）、涉海产品及材料制造业（16.84%）、海洋水产品加工（13.62%）和滨海旅游业（12.90%）。海洋渔业、海洋矿业和涉海建筑与安装业出现负增长，年均增速分别为−5.31%、−26.36%和−5.12%。

表2.15　嘉兴海洋经济各产业的产出规模（2013—2017年）

单位：亿元

海洋产业	2013	2014	2015	2016	2017	年均值
海洋生产总值	382.66	402.91	453.15	487.42	552.81	455.79
海洋产业合计	239.54	250.09	293.81	314.09	352.83	290.07
海洋主要产业合计	221.86	231.22	273.13	290.88	326.75	268.77
海洋渔业	2.96	2.48	2.24	2.29	2.38	2.47
海洋水产品加工	0.33	0.35	0.45	0.45	0.55	0.43
海洋矿业	0.17	0.18	0.12	0.11	0.05	0.13
海洋盐业	0	0	0	0	0	0
海洋化工业	12.30	13.05	8.52	14.70	18.27	13.37
海洋生物医药业	2.30	2.44	2.20	2.45	2.73	2.42
海洋电力业	0.19	0.20	0.52	1.00	1.14	0.61
海水利用业	118.49	118.47	156.74	150.83	166.68	142.24
海洋船舶工业	0.16	0.17	0.55	0.47	0.77	0.42
海洋工程建筑业	12.39	11.85	10.98	17.26	19.40	14.38
海洋交通运输业	26.88	30.86	31.94	35.25	40.54	33.09
滨海旅游业	45.70	51.19	58.87	66.06	74.24	59.21
海洋科研教育管理服务业	17.68	18.87	20.68	23.21	26.08	21.30

续 表

海洋产业	2013	2014	2015	2016	2017	年均值
海洋相关产业合计	143.11	152.82	159.34	173.33	199.98	165.72
海洋农林业	2.63	2.68	2.81	2.89	2.94	2.79
海洋设备制造业	29.55	31.35	30.22	29.84	34.35	31.06
涉海产品及材料制造业	15.44	16.38	15.10	23.08	28.77	19.75
涉海建筑与安装业	15.45	16.53	17.02	11.13	12.52	14.53
海洋批发与零售业	29.24	31.65	34.75	39.69	46.43	36.35
涉海服务业	50.82	54.24	59.44	66.71	74.97	61.24

五、绍兴海洋产业结构

从表2.16可以看到，2017年，绍兴海洋相关产业的生产总值最高，其次是海洋主要产业，最后是海洋科研教育管理服务业。年均生产总值排名前5的产业分别是海洋设备制造业（51.30亿元）、涉海服务业（38.24亿元）、海洋化工业（36.53亿元）、涉海产品及材料制造业（36.15亿元）和海洋批发与零售业（29.60亿元）。海洋渔业、海洋水产品加工、海洋矿业、海洋盐业、海洋电力业和海洋船舶工业的年均生产总值不超过1亿元，分别是0.56亿元、0.95亿元、0.19亿元、0.02亿元、0.29亿元和0.26亿元。

2013—2017年，年均增速排名前5的产业分别是海洋电力业（194.28%）、海洋渔业（55.09%）、海洋生物医药业（33.50%）、海洋船舶工业（31.61%）和海洋化工业（20.21%）。涉海产品及材料制造业、涉海建筑与安装业出现负增长，年均增速分别为−0.12%和−2.87%。

表2.16　绍兴海洋经济各产业的产出规模（2013—2017年）

单位：亿元

海洋产业	2013	2014	2015	2016	2017	年均值
海洋生产总值	222.96	244.11	258.68	285.72	304.51	263.20
海洋产业合计	55.44	64.82	69.19	91.16	104.84	77.09
海洋主要产业合计	47.88	56.96	60.60	81.31	94.07	68.16
海洋渔业	0.14	0.09	0.84	0.93	0.81	0.56
海洋水产品加工	0.72	1.10	0.81	1.36	0.77	0.95
海洋矿业	0.17	0.16	0.16	0.21	0.25	0.19

续 表

海洋产业	2013	2014	2015	2016	2017	年均值
海洋盐业	0.02	0.02	0.02	0.02	0.02	0.02
海洋化工业	25.52	30.98	28.24	44.61	53.29	36.53
海洋生物医药业	2.32	2.60	4.56	6.11	7.37	4.59
海洋电力业	0.01	0.01	0.01	0.66	0.75	0.29
海水利用业	3.81	4.25	5.06	5.54	6.63	5.06
海洋船舶工业	0.12	0.08	0.36	0.37	0.36	0.26
海洋工程建筑业	8.12	10.06	12.22	12.33	15.21	11.59
海洋交通运输业	2.73	3.15	3.44	3.67	3.67	3.33
滨海旅游业	4.20	4.45	4.89	5.51	4.94	4.80
海洋科研教育管理服务业	7.56	7.86	8.59	9.85	10.77	8.93
海洋相关产业合计	167.51	179.29	189.49	194.56	199.67	186.10
海洋农林业	1.30	1.35	1.39	1.45	1.48	1.39
海洋设备制造业	40.84	44.94	51.27	59.04	60.43	51.30
涉海产品及材料制造业	33.83	38.95	39.45	34.86	33.67	36.15
涉海建筑与安装业	31.25	30.85	30.85	26.27	27.81	29.41
海洋批发与零售业	25.55	27.22	30.10	32.90	32.23	29.60
涉海服务业	34.75	35.97	36.41	40.04	44.05	38.24

六、舟山海洋产业结构

从表2.17可以看到，2017年，舟山海洋主要产业的生产总值最高，其次是海洋相关产业，最后是海洋科研教育管理服务业。年均生产总值排名前5的产业分别是海洋船舶工业（159.69亿元）、海洋渔业（104.81亿元）、海洋交通运输业（93.26亿元）、海洋工程建筑业（92.04亿元）和滨海旅游业(69.44亿元)。海洋生物医药业和海洋农林业年均生产总值不超过1亿元，分别是0.96亿元和0.67亿元。

2013—2017年，年均增速排名前5的产业分别是海洋生物医药业(45.73%)、海洋矿业（37.30%）、海水利用业（23.86%）、海洋农林业(21.71%）和海洋科研教育管理服务业（19.87%）。海洋水产品加工、海洋化工业、海洋船舶工业、涉海产品及材料制造业出现负增长，年均增速分别为－0.68%、－10.96%、－11.78%和－4.98%。

表2.17　舟山海洋经济各产业的产出规模（2013—2017年）

单位：亿元

海洋产业	2013	2014	2015	2016	2017	年均值
海洋生产总值	642.33	708.74	765.15	871.70	793.66	756.32
海洋产业合计	529.24	584.47	641.38	729.27	660.97	629.07
海洋主要产业合计	502.46	549.93	596.28	679.06	605.70	586.69
海洋渔业	85.26	91.02	101.04	116.44	130.31	104.81
海洋水产品加工	24.58	20.83	18.65	21.78	23.92	21.95
海洋矿业	2.31	3.14	3.45	5.87	8.21	4.60
海洋盐业	0.80	0.97	1.03	1.12	1.11	1.01
海洋化工业	22.05	19.73	21.27	28.88	13.86	21.16
海洋生物医药业	0.47	0.37	0.93	0.91	2.12	0.96
海洋电力业	2.08	1.53	1.59	2.25	2.29	1.95
海水利用业	6.98	12.57	23.43	19.68	16.43	15.82
海洋船舶工业	159.90	169.51	167.66	204.52	96.87	159.69
海洋工程建筑业	71.56	86.21	93.47	96.32	112.62	92.04
海洋交通运输业	73.79	84.19	94.25	103.16	110.89	93.26
滨海旅游业	52.68	59.86	69.51	78.11	87.06	69.44
海洋科研教育管理服务业	26.77	34.54	45.10	50.21	55.27	42.38
海洋相关产业合计	113.09	124.27	123.77	142.43	132.69	127.25
海洋农林业	0.36	0.71	0.73	0.78	0.79	0.67
海洋设备制造业	9.98	12.30	11.70	16.09	12.53	12.52
涉海产品及材料制造业	1.73	12.86	15.21	19.96	1.41	10.23
涉海建筑与安装业	16.25	18.39	18.74	18.17	19.99	18.31
海洋批发与零售业	20.83	13.17	14.35	20.48	27.63	19.29
涉海服务业	63.93	66.82	63.04	66.95	70.33	66.21

七、台州海洋产业结构

从表2.18可以看到，2017年，台州海洋主要产业的生产总值最高，其次是海洋相关产业，最后是海洋科研教育管理服务业。年均生产总值排名前5的产业分别是海洋渔业（108.50亿元）、海洋设备制造业（50.13亿元）、涉海服务业（48.11亿元）、海水利用业（46.85亿元）和海洋化工业（39.69亿元）。海洋矿业和海洋盐业的年均生产总值不超过1亿元，分别是0.27亿元和0.25亿元。

2013—2017年，年均增速排名前5的产业分别是海洋生物医药业（30.16%）、滨海旅游业（26.81%）、海洋电力业（23.39%）、海洋科研教育管理服务业（15.67%）和涉海服务业（13.62%）。海洋盐业、海水利用业、海洋船舶工业出现负增长，年均增速分别为－24.02%、－10.51%和－7.90%。

表2.18　台州海洋经济各产业的产出规模（2013—2017年）

单位：亿元

海洋产业	2013	2014	2015	2016	2017	年均值
海洋生产总值	416.33	443.11	480.67	514.59	564.32	483.80
海洋产业合计	280.75	289.72	317.51	341.56	370.29	319.97
海洋主要产业合计	270.64	278.21	302.93	324.14	352.21	305.63
海洋渔业	92.43	94.62	106.19	120.72	128.55	108.50
海洋水产品加工	12.61	12.34	11.69	12.94	13.53	12.62
海洋矿业	0.24	0.31	0.24	0.25	0.30	0.27
海洋盐业	0.27	0.35	0.37	0.15	0.09	0.25
海洋化工业	31.98	32.52	40.15	48.30	45.48	39.69
海洋生物医药业	1.92	2.57	3.01	2.64	5.51	3.13
海洋电力业	1.54	1.83	1.94	2.68	3.57	2.31
海水利用业	55.59	50.21	48.56	44.23	35.66	46.85
海洋船舶工业	9.63	9.41	7.60	7.37	6.93	8.19
海洋工程建筑业	24.72	29.65	33.13	32.88	37.49	31.57
海洋交通运输业	22.40	24.99	27.96	28.09	30.29	26.75
滨海旅游业	17.32	19.40	22.08	23.90	44.79	25.50
海洋科研教育管理服务业	10.10	11.52	14.59	17.42	18.08	14.34
海洋相关产业合计	135.58	153.39	163.16	173.03	194.03	163.84
海洋农林业	2.36	2.44	2.52	2.70	2.83	2.57
海洋设备制造业	45.62	47.74	46.72	51.11	59.46	50.13
涉海产品及材料制造业	12.05	13.34	13.80	13.70	14.97	13.57
涉海建筑与安装业	16.36	19.62	21.92	21.75	24.81	20.89
海洋批发与零售业	23.99	26.20	28.38	30.96	33.31	28.57
涉海服务业	35.20	44.04	49.82	52.82	58.67	48.11

通过本节的分析可以发现，浙江省大部分沿海市的海洋主要产业产值高于海洋相关产业。各沿海市的海洋产业内部的差异较大，但海洋矿业、海洋盐业、海洋生物医药业和海洋电力业在各沿海市的产值均较低。

第三节｜浙江省海洋产业集聚与地区分布

海洋三次产业之间的比重关系反映了海洋产业的重要性差异，通常用海洋产业的经济规模（如总产出、增加值）、就业规模等进行测算。海洋三次产业结构的动态变化，则反映了一个地区海洋经济发展的特点与趋势。本节将利用历年《浙江统计年鉴》、海洋部门的相关报告，动态分析海洋产业结构的变动趋势、分产业发展特点与规律。

一、海洋产业集聚测度模型

集聚（Agglomeration）是指经济活动在地理空间上的集中，以及经济活动者为获得某些优势条件（如交通运输、服务设施、市场和资源条件等）或利益而向特定区域聚集的过程。产业集聚是指同一类型或不同类型的相关产业在某个特定地理区域内的集中和聚合，表现出空间上的接近性、联系上的复杂性和地方环境上的创新性等特征。

产业集聚根据形成原因分为指向性集聚和经济联系集聚。指向性集聚是为充分利用地区的某种优势而形成的产业（企业）群体，以廉价劳动力地区、市场集中区、原材料集中地和交通枢纽节点等区位优势因素作为某种重要指向，吸引并形成了产业（企业）集聚体；而经济联系集聚则是为加强地区内企业之间的经济联系，为企业发展创造更有利的外部条件。

目前产业集聚水平的测度指标主要有区位熵指数、赫芬达尔-赫希曼指数、哈莱-克依指数、行业集中度指数、空间基尼系数和空间集聚指数等。其中区位熵指数是运用最为广泛的测度指标。因此，本部分选取区位熵指数来反映海洋渔业、海洋矿业、海洋盐业、海洋船舶工业、海洋化工业、海洋生物医药业、海洋工程建筑业、海洋电力业、海水利用业、海洋交通运输业、滨海旅游业和海洋科研教育管理服务业等行业的集聚水平。

区位熵指数又称为专门化率，是指一个给定区域内某产业某一指标占有的份额与整个经济中该产业该指标占有的份额的比值，相应指标可以选取产值、就业人数和固定资产投资额等。区位熵指数可以用来衡量某一区域要素的空间分布情况，也可以用来反映某一产业部门的专业化程度。具体计算公式如下：

$$Q_i = \frac{e_i/e}{E_i/E} \tag{2.1}$$

其中：Q_i表示浙江省某个地区第i个海洋产业的区位熵指数，$Q_i>0$；e_i表示该地区第i个海洋产业的产值；e表示该地区所有海洋产业的产值；E_i表示浙江省第i个海洋产业的产值；E表示浙江省所有海洋产业的总产值。一般来说，如果区位熵指数$Q_i>2$，表明该海洋产业在浙江省具有明显的比较优势，称之为高集聚区；如果区位熵系数$Q_i>1$，表明该海洋产业在浙江省的集聚水平较高，在浙江省形成了优势产业，可称为中集聚区；如果区位熵系数$0<Q_i<1$，表明该海洋产业在浙江省的集聚水平比较低，处于产业竞争中的劣势地位，称之为低集聚区。

二、海洋主要产业的集聚特征

海洋产业集聚情况分析包括海洋渔业集聚测度与评估、海洋水产品加工集聚测度与评估、海洋矿业集聚测度与评估、海洋盐业集聚测度与评估、海洋化工业集聚测度与评估、海洋生物医药业集聚测度与评估、海洋电力业集聚测度与评估、海水利用业集聚测度与评估、海洋船舶工业集聚测度与评估、海洋工程建筑业集聚测度与评估、海洋交通运输业集聚测度与评估、滨海旅游业集聚测度与评估和海洋科研教育管理服务业集聚测度与评估。本部分先从整体上分析浙江省涉海市海洋主要产业的集聚情况，再细分产业进行分析。

（一）整体特征

利用《浙江统计年鉴》、地区年鉴的统计数据可得到各地区聚集度。根据表2.19，从横向看，2013—2017年，浙江省涉海市海洋主要产业的空间布局呈现非均衡状态，绍兴、温州、杭州、宁波的集聚度较低，区位熵指数几乎均小于1，属于低集聚区，尤其是绍兴，其区位熵指数在0.5左右徘徊；嘉兴、舟山和台州等地的集聚度相对较高，已形成优势产业，属于中集聚区。从纵向来看，2013—2017年，浙江省各涉海市海洋主要产业的集聚度变动趋势不一致，杭州、宁波、温州、嘉兴、舟山和台州的集聚度先下降再上升，绍兴的集聚态势明显加快。

表2.19　浙江省沿海地区海洋主要产业的整体集聚情况（2013—2017年）

年　份	杭　州	宁　波	温　州	嘉　兴	绍　兴	舟　山	台　州
2013	0.87	1.00	0.69	1.20	0.44	1.62	1.35
2014	0.88	1.06	0.67	1.18	0.48	1.59	1.29
2015	0.85	0.99	0.65	1.22	0.48	1.58	1.28
2016	0.85	0.97	0.65	1.23	0.59	1.61	1.30
2017	0.88	1.02	0.69	1.29	0.67	1.67	1.36

（二）海洋渔业集聚度

从表2.20可以看出，2013—2017年，各涉海市的海洋渔业集聚度比较稳定，其中杭州、宁波、温州和嘉兴的区位熵指数有缓慢下降的趋势。台州的海洋渔业集聚度一直是最高的，2017年区位熵指数为4.06，说明台州的海洋渔业具有很强的集聚优势；其次是舟山，2013—2016年区位熵指数一直维持在2.3左右，2017年增加到2.93。这两个地区都属于高集聚区。杭州、温州、嘉兴和绍兴的海洋渔业区位熵指数较低，都小于1.00，属于低集聚区。其中：绍兴的海洋渔业集聚度最低，2013年和2014年的区位熵指数都仅为0.01，说明绍兴的海洋渔业发展得非常差；杭州和嘉兴的区域熵指数都小于0.50，宁波的区位熵指数稍大于1。

表2.20　浙江省沿海地区海洋渔业的集聚度（2013—2017年）

年　份	杭　州	宁　波	温　州	嘉　兴	绍　兴	舟　山	台　州
2013	0.37	1.16	0.78	0.13	0.01	2.31	3.86
2014	0.35	1.11	0.74	0.11	0.01	2.28	3.79
2015	0.32	1.12	0.72	0.09	0.06	2.30	3.84
2016	0.26	1.10	0.69	0.08	0.05	2.26	3.96
2017	0.25	1.12	0.71	0.08	0.05	2.93	4.06

（三）海洋水产品加工集聚度

从表2.21可以看到，2013—2017年，大部分涉海市的海洋水产品加工集聚度变化不明显。舟山和台州的海洋水产品加工集聚度较高，变化较大，2013年区位熵指数分别为3.10、2.45，之后稍有下降，而2017年两地的区位熵指数分别增加到3.21、2.55。其次是温州，其区位熵指数从2013年的1.19上升到2015年的1.31，随后降到2017年的1.20，属于中集聚区。杭州、宁波、嘉兴和绍兴属于低集聚区，其中杭州和宁波的集聚水平差别不大，2013—2017年区位熵指数的平均值分别为0.60、0.71；嘉兴和绍兴的集聚水平很低，尤其是嘉兴，2013—2016年的区位熵指数一直小于0.10，海洋水产品加工的增加值一直低于0.50亿元，表明这两个地区的海洋水产品加工发展很弱。

表2.21　浙江省沿海地区海洋水产品加工的集聚度

年　份	杭　州	宁　波	温　州	嘉　兴	绍　兴	舟　山	台　州
2013	0.66	0.76	1.19	0.07	0.26	3.10	2.45
2014	0.53	0.77	1.10	0.07	0.36	2.34	2.22
2015	0.50	0.75	1.31	0.09	0.29	2.27	2.27
2016	0.62	0.65	1.30	0.09	0.45	2.38	2.40
2017	0.67	0.64	1.20	0.11	0.27	3.21	2.55

（四）海洋矿业集聚度

从表2.22可以看到，2013—2017年，海洋矿业集中在舟山地区，其集聚度呈上升趋势。2013年，舟山的区位熵指数为2.44，2017年增加到7.43，上升了2倍多。其他地区的区位熵指数都小于1.00，属于低集聚区，其中温州和绍兴的区位熵指数稍高，但平均值分别仅为0.61、0.47。

表2.22　浙江省沿海地区海洋矿业的集聚度

年　份	杭　州	宁　波	温　州	嘉　兴	绍　兴	舟　山	台　州
2013	0.15	0.31	0.67	0.30	0.52	2.44	0.39
2014	0.12	0.17	0.50	0.24	0.36	2.42	0.38
2015	0.16	0.13	0.53	0.17	0.39	2.82	0.31

续 表

年 份	杭 州	宁 波	温 州	嘉 兴	绍 兴	舟 山	台 州
2016	0.12	0.13	0.68	0.15	0.49	4.50	0.32
2017	0.12	0.21	0.69	0.06	0.59	7.43	0.38

（五）海洋盐业集聚度

从表2.23可以看到，2013—2017年，海洋盐业主要集中在舟山和台州两地。舟山的区位熵指数最高，2017年达到5.86，表明海洋盐业在舟山具有明显的比较优势。台州的区位熵指数呈现下降趋势，2013年为1.98，2017年降为0.67。而杭州、宁波、温州、嘉兴和绍兴的区位熵指数很低，属于海洋盐业低集聚区，这几个涉海市盐业产出很低。

表2.23 浙江省沿海地区海洋盐业的集聚度

年 份	杭 州	宁 波	温 州	嘉 兴	绍 兴	舟 山	台 州
2013	0.29	0.32	0.69	0	0.27	3.81	1.98
2014	0.22	0.44	0.58	0	0.22	3.63	2.10
2015	0.23	0.59	0.47	0	0.18	3.15	1.80
2016	0.24	0.40	0.54	0	0.20	3.69	0.84
2017	0.31	0.82	0.79	0	0.28	5.86	0.67

（六）海洋化工业集聚度

从表2.24可以看到，2013—2017年，海洋化工业主要集聚在绍兴和台州两地。绍兴的区位熵指数都大于4.00，并呈上升趋势，2017年增加至6.20，说明绍兴的海洋化工业具有较大的发展优势；台州的区位熵指数增长不明显，2013年和2017年都为2.86，这两个地区都属于海洋化工业高集聚区。其次是嘉兴和舟山，区位熵指数维持在1.00左右。杭州、宁波和温州的区位熵指数都比较低，平均值分别仅为0.08、0.53和0.13，这些地区属于低集聚区。

表2.24 浙江省沿海地区海洋化工业的集聚度

年 份	杭 州	宁 波	温 州	嘉 兴	绍 兴	舟 山	台 州
2013	0.09	0.58	0.14	1.20	4.26	1.28	2.86

续 表

年 份	杭 州	宁 波	温 州	嘉 兴	绍 兴	舟 山	台 州
2014	0.08	0.40	0.13	1.18	4.61	1.01	2.67
2015	0.08	0.57	0.13	0.72	4.19	1.07	3.20
2016	0.06	0.54	0.11	0.99	5.15	1.09	3.10
2017	0.09	0.58	0.14	1.20	6.20	1.28	2.86

（七）海洋生物医药业集聚度

从表2.25可以看到，2013—2017年，海洋生物医药业几乎都集中在杭州地区，杭州的区位熵指数最高为2014年的9.04，2017年降为7.12，说明杭州的海洋生物医药业已具备一定的规模优势。其次是绍兴，其区位熵指数存在缓慢上升的态势，2017年增加到1.59。而宁波、温州、嘉兴、舟山和台州的区位熵指数几乎都小于0.50，属于海洋生物医药业的低集聚区。

表2.25　浙江省沿海地区海洋生物医药业的集聚度

年 份	杭 州	宁 波	温 州	嘉 兴	绍 兴	舟 山	台 州
2013	8.98	0.26	0.22	0.54	0.94	0.07	0.42
2014	9.04	0.27	0.22	0.53	0.93	0.05	0.51
2015	8.33	0.32	0.20	0.40	1.45	0.10	0.51
2016	8.34	0.29	0.18	0.38	1.61	0.08	0.39
2017	7.12	0.32	0.15	0.32	1.59	0.17	0.64

（八）海洋电力业集聚度

从表2.26可以看到，2013—2017年，海洋电力业主要集聚在台州、舟山和宁波。其中，台州和舟山的区位熵指数较高，平均值分别为2.47、1.47，但呈下降趋势，由2013年的3.25、2.84分别下降到2017年的2.28、1.04，说明这两个地区的海洋电力业发展优势在减弱。宁波的区位熵指数呈先上升后下降的趋势，由2013年的0.99上升到2015年的1.35，随后又下降到2017年的1.16。其余涉海市的海洋电力业区位熵指数都比较低，属于低集聚区。其中：杭州一直为0；温州一直小于0.50且数值在不断减小；嘉兴的区位熵指数整体有上升趋势，从2013年的0.44增加到2017年的0.74；相比2013年的

0.04，绍兴的区位熵指数在2016年和2017年激增至0.93、0.89。

表2.26　浙江省沿海地区海洋电力业的集聚度

年　份	杭　州	宁　波	温　州	嘉　兴	绍　兴	舟　山	台　州
2013	0	0.99	0.30	0.44	0.04	2.84	3.25
2014	0	1.10	0.22	0.32	0.03	1.38	2.64
2015	0	1.35	0.18	0.60	0.02	1.08	2.10
2016	0	1.32	0.13	0.81	0.93	1.03	2.08
2017	0	1.16	0.10	0.74	0.89	1.04	2.28

（九）海水利用业集聚度

从表2.27可以看到，2013—2017年，海水利用业集聚度较高的地区有嘉兴、宁波和台州。其中，嘉兴的海水利用业区位熵指数最高，且呈上升趋势，2017年达到4.09，属于高集聚区；宁波的区位熵指数一直维持在1.50左右；而台州的区位熵指数有下降趋势，从2013年的1.38下降到2017年的0.86。温州、绍兴和舟山的区位熵指数都比较低，5年间，这3个地区的平均值分别为0.62、0.22和0.23。

表2.27　浙江省沿海地区海水利用业的集聚度

年　份	杭　州	宁　波	温　州	嘉　兴	绍　兴	舟　山	台　州
2013	0	1.45	0.58	3.20	0.18	0.11	1.38
2014	0	1.75	0.65	3.21	0.19	0.19	1.24
2015	0	1.35	0.56	3.50	0.20	0.31	1.02
2016	0	1.44	0.61	3.72	0.23	0.27	1.03
2017	0	1.50	0.70	4.09	0.30	0.28	0.86

（十）海洋船舶工业集聚度

从表2.28可以看到，2013—2017年，海洋船舶工业的集聚情况非常明显，基本上集聚在舟山。舟山的区位熵指数2013年为6.50，2017年降为5.03。其他地区的区位熵指数都很低，5年间的平均值都小于0.50，可见海洋船舶工业主要集中在舟山。

表2.28 浙江省沿海地区海洋船舶工业的集聚度

年 份	杭 州	宁 波	温 州	嘉 兴	绍 兴	舟 山	台 州
2013	0.12	0.32	0.12	0.01	0.01	6.50	0.60
2014	0.12	0.35	0.11	0.01	0.01	5.84	0.52
2015	0.13	0.27	0.10	0.03	0.03	5.50	0.40
2016	0.11	0.18	0.09	0.02	0.03	5.12	0.31
2017	0.20	0.24	0.16	0.06	0.05	5.03	0.51

（十一）海洋工程建筑业集聚度

从表2.29可以看到，2013—2017年，海洋工程建筑业在各地区的集聚度差异较大，舟山、台州、宁波和绍兴等地的海洋工程建筑业区位熵指数较高。其中，舟山的区位熵指数最高，2017年上升到4.92；其次为台州，5年间区位熵指数维持在2.40左右，这两个地区都属于高集聚区。宁波的集聚程度在减弱，区位熵指数从2013年的1.62降到2017年的1.39；绍兴的区位熵指数有上升趋势，从2013年的1.49增加到2017年的1.73；嘉兴的区位熵指数稍低，平均值为1.15，这几个地区属于中集聚区。温州和杭州的区位熵指数较低，5年间这两个地方的平均值分别为0.75、0.28，属于低集聚区。

表2.29 浙江省沿海地区海洋工程建筑业的集聚度

年 份	杭 州	宁 波	温 州	嘉 兴	绍 兴	舟 山	台 州
2013	0.39	1.62	0.76	1.32	1.49	4.54	2.42
2014	0.32	1.55	0.74	1.08	1.52	4.48	2.46
2015	0.27	1.50	0.74	0.87	1.69	4.37	2.47
2016	0.23	1.44	0.76	1.27	1.55	3.98	2.30
2017	0.19	1.39	0.74	1.22	1.73	4.92	2.30

（十二）海洋交通运输业集聚度

从表2.30可以看到，2013—2017年，海洋交通运输业集中分布在舟山、宁波、杭州、嘉兴等地。其中，舟山的区位熵指数最高，2017年增加到2.22，呈上升趋势；宁波、嘉兴和台州的区位熵指数呈先上升后下降的趋势，2013年的数值分别为1.63、1.13和0.86，2017年的数值则分别为1.73、1.16和0.85。杭州、温州和绍兴的区位熵指数变动幅度不大，平均值分别为1.32、0.58和0.21。

表2.30　浙江省沿海地区海洋交通运输业的集聚度

年　份	杭　州	宁　波	温　州	嘉　兴	绍　兴	舟　山	台　州
2013	1.30	1.63	0.62	1.13	0.20	1.85	0.86
2014	1.31	1.79	0.58	1.22	0.21	1.89	0.90
2015	1.37	1.76	0.60	1.17	0.22	2.05	0.97
2016	1.31	1.83	0.63	1.28	0.23	2.09	0.97
2017	1.33	1.73	0.48	1.16	0.19	2.22	0.85

（十三）滨海旅游业集聚度

从表2.31可以看到，2013—2017年，杭州的滨海旅游业集聚程度最高，但存在下降趋势，区位熵指数平均值为1.25，属于中集聚区。其他几个涉海市的区位熵指数都小于1.00：温州的数值稍高，平均为0.95；绍兴的数值最低，平均为0.12。可见，滨海旅游业在浙江省各涉海市尚未形成比较优势。

表2.31　浙江省沿海地区滨海旅游业的集聚度

年　份	杭　州	宁　波	温　州	嘉　兴	绍　兴	舟　山	台　州
2013	1.28	0.60	0.98	0.80	0.13	0.55	0.28
2014	1.29	0.66	0.94	0.82	0.12	0.55	0.28
2015	1.27	0.66	0.92	0.83	0.12	0.58	0.29
2016	1.23	0.68	0.93	0.88	0.13	0.58	0.30
2017	1.16	0.69	0.98	0.87	0.11	0.71	0.51

（十四）海洋科研教育管理服务业集聚度

从表2.32可以看到，2013—2017年，浙江省各涉海市的海洋科研教育管理服务业区位熵指数都比较低，说明浙江省的海洋科研教育管理服务业不具有发展优势。其中，杭州区位熵指数为1.84，绍兴、舟山和台州三地的区位熵稳定在0.3左右，舟山最低，宁波和温州两地的区位熵值略有提高。

表2.32　浙江省沿海地区海洋科研教育管理服务业的集聚度

年　份	杭　州	宁　波	温　州	嘉　兴	绍　兴	舟　山	台　州
2013	1.89	0.73	0.63	0.37	0.32	0.03	0.31
2014	1.84	0.73	0.64	0.37	0.31	0.06	0.31
2015	1.89	0.74	0.68	0.36	0.31	0.06	0.30
2016	1.81	0.75	0.68	0.35	0.30	0.05	0.31
2017	1.76	0.81	0.71	0.35	0.32	0.07	0.33

三、海洋相关产业集聚特征

海洋相关产业集聚情况分析包括海洋农林业集聚测度与评估、海洋设备制造业集聚测度与评估、涉海产品及材料制造业集聚测度与评估、涉海建筑与安装业集聚测度与评估、海洋批发与零售业集聚测度与评估、涉海服务业集聚测度与评估。本部分先从整体上分析浙江省涉海市海洋相关产业的集聚情况，再细分产业进行分析。

（一）整体集聚度

根据表2.33，从产业集聚地区看，浙江省涉海市海洋相关产业主要集聚在绍兴、温州、杭州和宁波，这几个地区的区位熵指数的平均值分别为1.76、1.47、1.18和1.10，属于中集聚区。嘉兴、台州和舟山的区位熵指数较低，5年间的数值都小于1.00，其中舟山的区位熵指数最低，平均值仅为0.42。

表2.33　浙江省沿海地区海洋相关产业的整体集聚度

年　份	杭　州	宁　波	温　州	嘉　兴	绍　兴	舟　山	台　州
2013	1.17	1.09	1.38	0.88	1.77	0.41	0.77
2014	1.19	1.01	1.44	0.92	1.79	0.43	0.84
2015	1.19	1.10	1.52	0.89	1.85	0.41	0.86
2016	1.19	1.16	1.54	0.91	1.75	0.42	0.86
2017	1.14	1.13	1.50	0.91	1.64	0.42	0.86

从发展趋势看，浙江省涉海市海洋相关产业的集聚程度呈平稳发展态

势。2013—2017年，各涉海市相关产业的集聚程度变化并不大，尤其是杭州、嘉兴、舟山和台州，区位熵指数的变动幅度不超过0.10。宁波和温州的区位熵指数总体上呈上升趋势，分别从2013年的1.09、1.38增加到2017年的1.13、1.50，说明这两个地方的相关产业地位日趋重要。绍兴的区位熵指数有下降趋势，从2013年的1.77降到2017年的1.64，降幅为7.93%。

（二）海洋农林业集聚度

根据表2.34，从产业集聚地区看，浙江省涉海市海洋农林业主要集聚在杭州，其区位熵指数最高，平均值为1.84，属于中集聚区。其次为宁波、温州，这两个地区的区位熵指数平均值分别为0.75、0.67。舟山的区位熵指数最低，平均值仅为0.05。可见，海洋农林业在浙江省涉海市的发展不足。从发展趋势看，浙江省涉海市海洋农林业的集聚程度变化不大。杭州的区位熵指数略有变动，从2013年的1.89下降到2017年的1.76。

表2.34 浙江省沿海地区海洋农林业的集聚度

年 份	杭 州	宁 波	温 州	嘉 兴	绍 兴	舟 山	台 州
2013	1.89	0.73	0.63	0.37	0.32	0.03	0.31
2014	1.84	0.73	0.64	0.37	0.31	0.06	0.31
2015	1.89	0.74	0.68	0.36	0.31	0.06	0.30
2016	1.81	0.75	0.68	0.35	0.30	0.05	0.31
2017	1.76	0.81	0.71	0.35	0.32	0.07	0.33

（三）海洋设备制造业集聚度

根据表2.35，从产业集聚地区看，浙江省涉海市海洋设备制造业的集聚地区相对较广。绍兴和杭州的区位熵指数最高，2013—2017年的平均值分别为2.64、2.17，属于高集聚区。其次是温州、台州和宁波，5年间的平均值分别为1.61、1.40和1.07，属于中集聚区。嘉兴和舟山的区位熵指数较低，5年间的平均值分别为0.93、0.22，属于低集聚区。

从发展趋势看，宁波和绍兴的区位熵指数呈上升趋势，从2013年的0.97、2.41分别增加到2017年的1.22、2.76，分别提升了25.77%、14.52%。杭州、温州和嘉兴的区位熵指数有下降趋势，分别下降了15.58%、10.06%、

15.69%，说明这3个地区的海洋设备制造业发展程度在降低。而舟山和台州的区位熵指数比较稳定。

表2.35　浙江省沿海地区海洋设备制造业的集聚度

年　份	杭　州	宁　波	温　州	嘉　兴	绍　兴	舟　山	台　州
2013	2.31	0.97	1.69	1.02	2.41	0.20	1.44
2014	2.19	1.03	1.57	0.99	2.35	0.22	1.37
2015	2.28	1.04	1.69	0.93	2.78	0.21	1.36
2016	2.10	1.07	1.57	0.86	2.90	0.26	1.39
2017	1.95	1.22	1.52	0.86	2.76	0.22	1.46

（四）涉海产品及材料制造业集聚度

根据表2.36，从产业集聚地区看，浙江省涉海产品及材料制造业主要集聚在宁波、绍兴和温州三地，2013—2017年区位熵指数的平均值分别为2.43、2.33、1.50，其中宁波和绍兴属于高集聚区，温州属于中集聚区。嘉兴、台州、舟山和杭州的区位熵指数都比较低，平均值分别为0.72、0.47、0.22、0.17，属于低集聚区。

从发展趋势看，宁波和舟山的区位熵指数波动较大。嘉兴的区位熵指数有上升趋势，从2013年的0.64增加到2017年的0.93，上升了45.31%。绍兴的区位熵指数有下降趋势，从2013年的2.40下降到2017年的1.98，说明绍兴的涉海产品及材料制造业集聚优势在减弱。杭州、温州和台州的区位熵指数基本保持不变。

表2.36　浙江省沿海地区涉海产品及材料制造业的集聚度

年　份	杭　州	宁　波	温　州	嘉　兴	绍　兴	舟　山	台　州
2013	0.17	2.54	1.47	0.64	2.40	0.04	0.46
2014	0.18	2.09	1.57	0.70	2.76	0.31	0.52
2015	0.18	2.29	1.49	0.53	2.44	0.32	0.46
2016	0.17	2.75	1.49	0.79	2.05	0.38	0.45
2017	0.15	2.49	1.46	0.93	1.98	0.03	0.47

（五）涉海建筑与安装业集聚度

根据表2.37，从产业集聚地区看，绍兴的涉海建筑与安装业区位熵指数最高，2013—2017年的平均值为2.89，属于高集聚区。其次为温州、台州，区位熵指数的平均值分别为1.53、1.10，属于中集聚区。嘉兴、宁波、舟山和杭州的区位熵指数都比较低，尤其是杭州，区位熵指数每年都不超过0.10，这些地区属于低集聚区，涉海建筑与安装业发展不足。

从发展趋势看，绍兴的区位熵指数有明显的下降趋势，从2013年的3.55下降到2017年的2.41，下降了32.11%，说明绍兴发展涉海建筑与安装业的优势在不断减弱。嘉兴和杭州的区位熵指数也显著下降，分别从2013年的1.02、0.09降到2017年的0.60、0.05，分别下降了41.18%、44.44%。台州和温州的区位熵指数稍有上升，分别增长了16.00%、13.10%。宁波和舟山的区位熵指数基本维持不变。

表2.37　浙江省沿海地区涉海建筑与安装业的集聚度

年　份	杭　州	宁　波	温　州	嘉　兴	绍　兴	舟　山	台　州
2013	0.09	0.65	1.45	1.02	3.55	0.64	1.00
2014	0.07	0.62	1.49	0.98	3.03	0.62	1.06
2015	0.07	0.63	1.50	0.94	2.97	0.61	1.14
2016	0.06	0.64	1.55	0.61	2.47	0.56	1.13
2017	0.05	0.62	1.64	0.60	2.41	0.66	1.16

（六）海洋批发与零售业集聚度

根据表2.38，从产业集聚地区看，杭州和绍兴的海洋批发与零售业区位熵指数较高，2013—2017年的平均值分别为3.23、2.26，属于高集聚区。舟山的区位熵指数最低，平均值仅为0.51。嘉兴、温州、台州和宁波都属于中集聚区，2013—2017年区位熵指数的平均值分别为1.59、1.25、1.18、1.15。

从发展趋势看，大部分涉海市的区位熵指数呈上升趋势。宁波的区位熵指数增长速度最快，从2013年的0.99增加到2017年的1.23，增长了24.24%。其次是嘉兴、温州和台州，分别增长了17.12%、9.17和9.09%。舟山的区位熵指数从2013年的0.62上升至2017年的0.71。杭州的区位熵指数从

2013年的3.36下降到2016年的3.12，但在2017年又上升到3.30。而绍兴的区位熵指数则从2013年的2.19增至2016年的2.44，但在2017年又下降到2.16。

表2.38 浙江省沿海地区海洋批发与零售业的集聚度

年 份	杭 州	宁 波	温 州	嘉 兴	绍 兴	舟 山	台 州
2013	3.36	0.99	1.20	1.46	2.19	0.62	1.10
2014	3.23	0.97	1.23	1.53	2.17	0.36	1.15
2015	3.15	1.20	1.22	1.54	2.34	0.38	1.19
2016	3.12	1.34	1.28	1.72	2.44	0.50	1.27
2017	3.30	1.23	1.31	1.71	2.16	0.71	1.20

（七）涉海服务业集聚度

根据表2.39，从产业集聚地区看，温州的涉海服务业区位熵指数最高，2013—2017年的平均值为1.55，为中集聚区。其他地区的区位熵指数差别不大，都小于1.00，属于低集聚区。绍兴的区位熵指数稍高，平均值为0.89。嘉兴、宁波、杭州和台州的区位熵指数的平均值分别为0.82、0.76、0.67、0.61。舟山的区位熵指数的平均值仅为0.54。

从发展趋势看，2013—2017年，温州的涉海服务业区位熵指数波动幅度最大，从2013年的1.33上升到2016年的1.71，但在2017年又降到1.59。台州的区位熵指数虽低但增长速度最快，5年间增长了29.17%；其次为杭州，增长了25.45%。舟山和宁波的区位熵指数呈现下降趋势，5年间分别下降了7.02%、5.06%。

表2.39 浙江省沿海地区涉海服务业的集聚度

年 份	杭 州	宁 波	温 州	嘉 兴	绍 兴	舟 山	台 州
2013	0.55	0.79	1.33	0.76	0.89	0.57	0.48
2014	0.63	0.76	1.46	0.82	0.90	0.57	0.61
2015	0.68	0.78	1.64	0.85	0.91	0.53	0.67
2016	0.79	0.71	1.71	0.87	0.89	0.49	0.65
2017	0.69	0.75	1.59	0.80	0.86	0.53	0.62

四、海洋产业集聚与地区经济发展的关联分析

海洋产业集聚是一种高效的产业空间组织形式，可以最大限度地发挥产业关联效应和协作效应，带动区域经济发展。一方面，海洋产业集聚将经济区内软、硬资源进行整合，促进资源优化配置，有利于资源的共享和充分利用，提高市场运行效率，推动各产业转型升级，实现产业结构优化，最终促进经济健康快速发展；另一方面，海洋产业集聚有利于降低交易成本和推广新技术，促进资本积累和先进技术的引进、吸收与转移，进而推动区域经济持续发展。

本部分选取2013—2017年浙江省7个涉海地级市海洋主要产业、海洋科研教育管理服务业和海洋相关产业的数据，采用灰色关联分析方法分析浙江省海洋产业集聚度对区域经济发展的影响，数据来源于2013—2017年《浙江统计年鉴》《浙江教育年鉴》及浙江省各地级市统计年鉴。

（一）关联性统计模型

灰色关联分析的本质是数据序列曲线间几何形状的分析比较，几何形状越相似，则发展态势就越接近，关联程度也越高，反之就越低。灰色关联分析的基本步骤如下：

第一步，构造分析序列。

参考序列可以是评价指标体系中各指标的最优值所构成的一个序列，也可以根据评价目的选择其他参考值。本部分将浙江省各涉海市的海洋生产总值作为参考序列，记p项指标的参考序列为$X_0=(x_{01}, x_{02}, x_{03}, \cdots, x_{0p})$。将海洋产业集聚度作为比较序列，记为$X_i=(x_{i1}, x_{i2}, x_{i3}, \cdots, x_{ip})$ $(i=1, 2, \cdots, n)$。

第二步，对指标进行无量纲化处理。

由于各涉海市的海洋生产总值和海洋产业集聚度的计量单位不同，存在量纲和数量级上的差异，为了便于不同的量纲和数量级进行比较，本部分对原始数据进行无量纲化处理。目前，该方法中采用较多的是“均值化”。把经过无量纲化处理的各序列记为X_i^* $(i=1, 2, \cdots, n)$，X_0^*。比较序列与参考序列之间存在的偏差，于是可计算如下的序列差：

$$\Delta_{ik}=\left|X_{ik}^*-X_{0k}^*\right| \quad (i=1, 2, \cdots, n;\ k=1, 2, \cdots, p) \qquad (2.2)$$

记$\Delta_i=(\Delta_{i1},\ \Delta_{i2},\ \cdots,\ \Delta_{ip})$（$i=1,\ 2,\ \cdots,\ n$），它是样本单位实际价值水平离参考水平（通常是最优水平）的序列，即

$$\Delta_i=\left|X_i^*-X_0^*\right| \quad (i=1,\ 2,\ \cdots,\ n;\ k=1,\ 2,\ \cdots,\ p) \tag{2.3}$$

第三步，计算每个比较序列与参考序列对应单位的关联系数$\xi_i(k)$，公式为：

$$\xi_i(k)=\frac{\Delta_{\min}+\rho\Delta_{\max}}{\Delta_{ik}+\rho\Delta_{\max}} \quad (i=1,\ 2,\ \cdots,\ n;\ k=1,\ 2,\ \cdots,\ p) \tag{2.4}$$

公式中，$\Delta_{\min}$与$\Delta_{\max}$分别为所有单位所有指标与参考序列之间的绝对距离中的最小值与最大值；Δ_{ik}为第i单位第k指标与参考序列之间的绝对距离；ρ为分辨系数，$0\leqslant\rho\leqslant1$，一般取$\rho=0.5$，关联系数仍然是一个序列。

第四步，根据关联系数序列，计算关联度γ_i。

关联系数序列反映了一个评价对象在各单项指标上偏离“目标”的相对程度，其信息过于分散，不便于进行整体比较，有必要将这些关联系数统计综合（合成）为一个值，可获得对整个序列关联程度的综合测量，即灰色关联度。由于不同指标在评价体系中的作用不同，关联度需要通过加权的方式计算，即

$$\gamma_i=\sum_{k=1}^{p}\xi_i(k)w_k \quad (i=1,\ 2,\ \cdots,\ n) \tag{2.5}$$

将第i单位全部指标的关联系数进行加权平均，称为灰色关联度，其中权数w_k是指标k的重要性权重。

（二）实证测算与分析

按照上述灰色关联分析的具体步骤，可得各沿海城市海洋主要产业、海洋科研教育管理服务业和海洋相关产业的灰色关联度，见表2.40。

表2.40　浙江省沿海城市海洋经济关联度

地　区	杭　州	宁　波	温　州	嘉　兴	绍　兴	舟　山	台　州
海洋主要产业	0.556	0.586	0.585	0.778	0.838	0.616	0.590
海洋科研教育管理服务业	0.693	0.798	0.582	0.597	0.559	0.885	0.653
海洋相关产业	0.692	0.689	0.836	0.686	0.847	0.564	0.749

分地区来看，杭州和宁波的海洋主要产业与地区经济的关联度分别为0.556和0.586，海洋科研教育管理服务业与地区经济的关联度分别为0.693和0.798，海洋相关产业与地区经济的关联度分别为0.692和0.689，排序情况为海洋主要产业＜海洋相关产业＜海洋科研教育管理服务业，表明杭州和宁波的海洋主要产业与地区经济的协同性最差，海洋科研教育管理服务业、海洋相关产业与地区经济的协同性相对较好。

温州和绍兴的海洋主要产业与地区经济的关联度分别为0.585和0.838，海洋科研教育管理服务业与地区经济的关联度分别为0.582和0.559，海洋相关产业与地区经济的关联度分别为0.836和0.847，排序情况为海洋科研教育管理服务业＜海洋主要产业＜海洋相关产业，表明海洋相关产业对温州和绍兴经济的影响最大且较显著，海洋科研教育管理服务业与两地经济的关联性最低。

嘉兴的海洋主要产业与地区经济的关联度最高，为0.778，其次是海洋相关产业，而海洋科研教育管理服务业与地区经济的关联度最低，为0.597，表明嘉兴海洋主要产业对地区经济的影响较大。

舟山的海洋科研教育管理服务业与地区经济的内在关联较为紧密，关联度达到0.885，其次是海洋主要产业、海洋相关产业，关联度分别为0.616、0.564。

台州的海洋相关产业与地区经济的关联度最高，为0.749，海洋科研教育管理服务业和海洋主要产业的关联度分别为0.653、0.590，表明台州的海洋相关产业与地区经济的协同性较好。

分产业看，海洋主要产业与地区经济的关联度最高的是绍兴，最低的是杭州，两地相差0.282。海洋科研教育管理服务业与地区经济的关联度最高的是舟山，最低的是绍兴，两地相差0.326。海洋相关产业与地区经济的关联度最高的是绍兴，最低的是舟山，两地相差0.283。可见，绍兴的海洋主要产业、海洋相关产业对经济发展起到了较大的促进作用。

第四节 | 本章小结

一、主要结论

从本章的分析结果来看，2013—2017年，浙江省沿海地区海洋经济规模不断扩大，各地区间的差异较大；海洋产业集聚已初步形成，但集聚水平不高且呈现明显的簇状特征；海洋产业与经济的关联存在明显的地区差异性和产业差异性。舟山、台州和嘉兴等地是海洋主要产业的集聚地，绍兴、温州、杭州和宁波的海洋相关产业具有一定的比较优势，各涉海市的海洋科研教育管理服务业集聚程度均很低。舟山是海洋渔业、海洋水产品加工、海洋矿业、海洋盐业、海洋船舶工业、海洋工程建筑业、海洋交通运输业等众多海洋产业的高集聚区；台州是海洋渔业、海洋化工业、海洋电力业、海洋工程建筑业等产业的高集聚区；杭州则是海洋生物医药业、海洋设备制造业、海洋批发与零售业的高集聚区；绍兴是海洋化工业、海洋设备制造业、涉海产品及材料制造业、涉海建筑与安装业、海洋批发与零售业的高集聚区；嘉兴是海水利用业的高集聚区；宁波是涉海产品及材料制造业的高集聚区；温州虽是众多海洋产业的集聚地，但集聚程度均相对较低，尚未形成明显的比较优势。滨海旅游业、海洋农林业、涉海服务业等产业在各涉海市仍然缺乏一定的产业优势。

二、若干建议

为了加快推进沿海地区的经济发展，更好地促进海洋产业集聚，发挥资源组合与经济区位优势，增强海洋经济竞争力，浙江省建议海洋经济主管部门从4个方面开展重点工作。

第一，科学制定海洋发展规划，培育海洋产业集群。应根据海洋资源属性规划海洋产业空间，完善基础设施，形成功能明确、特色突出、优势互补的海洋资源配置格局。避免区域产业雷同化、浅层化，探索海洋企业“抱团、聚力”发展的新模式，因地制宜地发展优势产业，以更好地发挥海洋产业集聚对区域经济发展的推动作用，形成科技含量高、经济效益好、核心竞争力强的海洋产业集群。舟山、台州、杭州和绍兴是多个海洋产业的高集聚区，在保持发展优势的同时，要利用产业集聚效应降低生产成本、提高专业化水平、改善经营效率。温州应依托滨海城镇、海港和海岛，提高海洋生产要素数量与质量，重点提高海洋水产品加工、海洋设备制造业、涉海产品及材料制造业、涉海服务业等产业的集聚水平，以形成产业高集聚区。杭州应创新海洋产业链和空间集聚链，发展特色海洋农业、林业经济、生态旅游，挖掘本土海洋文化，促进滨海旅游业、海洋农林业等的发展。

第二，加快构建“一核两带三海”的海洋经济发展模式。积极融入服务“一带一路”建设、长江经济带发展中，做强由宁波舟山港、宁波舟山两市构成的核心区，构筑环杭州湾、温台沿海两大海洋产业发展带，联动发展海港、海湾、海岛。充分发挥海洋产业辐射带动和引领作用，以海引陆、以陆促海、海陆联动，实现海洋产业和地区经济的协调发展。加快建设海运、内河运输、铁路、公路等综合交通网络，完善海陆一体化物流服务体系和大通关、直通关服务体系，提高货物运输效率，促进海洋经济发展。

第三，完善海洋相关人才的引进、培养和激励机制。海洋人才是海洋经济持久发展的动力源泉，根据各涉海市海洋经济的发展需求有针对性地引进人才，以相关专业人才的集聚带动海洋产业的发展和集聚。依托现有的海洋教育机构，整合优化教育资源在各涉海市的布局，调整完善学科设置，加快涉海重点学科的人才培养，一方面与国内外著名海洋大学联合培养人才，另一方面与涉海企业展开产学研合作，促进海洋科研成果转化。通过创新激励机制吸引人才并留住核心人才，在强化物质激励的同时，推广事业激励和精神激励。

第四，加大对涉海市海洋产业的资金扶持力度，保障资金链充足。地方政府在加大对海洋产业金融支持和财政扶持的同时，争取国家和省级专项经费支持，推进海洋经济重大项目建设。推广融资渠道，加大金融机构对涉海信贷的投入，积极引导社会资金参与海洋投资，并从融资工具、金融产品、风险控制、结算方式等方面加以创新，提升金融对海洋产业的服务功能，推动海洋产业转型升级。

第三章 浙江省海洋产业结构优化的经济增长效应

海洋经济是国民经济的重要组成部分，对推动经济发展具有重要意义。目前，我国海洋经济发展还处于初级阶段，海洋经济结构还有很大的优化空间。我国经济发展初期忽视了产业结构对经济增长的影响，导致目前海洋经济增长十分缓慢。因此，在各个时期都应该重视海洋产业结构对海洋经济发展的影响，不能一味地追求海洋经济高速发展而忽视海洋产业结构对海洋经济发展的重要作用。本章测算浙江省海洋产业结构优化对海洋经济增长的促进效应，有助于相关政府部门理解海洋产业结构优化的积极作用，从而制定相应的政策，推动海洋经济高质量发展。

第一节 | 研究现状

产业结构主要指的是各产业之间和产业内部各部门之间的关系，以及生产要素和技术如何在各产业部门之间流动的相互关系。通常来说，优化产业结构能在一定程度上推进经济的增长，同时这也是经济增长带来的必然结果。到目前为止，产业结构理论发展较好，研究成果较为丰硕，本节主要从以下3个层面对相关研究文献进行回顾。

一、产业结构与经济增长理论研究

产业结构理论的产生有深厚的历史背景，最早可以追溯到17世纪。英国经济学家威廉·配第最早发现在经济发展的不同阶段，产业结构是有明显差异的。在此基础上，英国经济学家克拉克进一步研究了产业结构在经济发展过程中的演变规律，并指出：在三次产业的结构变动及人均国民收入的提高中，劳动力分布首先由第一产业向第二产业转移；当国民收入达到一个更高的水平时，劳动力开始向第三产业转移，这就是配第—克拉克定理。该定理为产业结构理论的发展奠定了基础（Romer，1999）。

美国经济学家库兹涅茨（1989）在配第—克拉克定理的基础上，从统计学的角度，对经济增长和产业结构变动进行了更为系统的研究，发现各部门经济在国民经济中所占的比重会随着经济总量的增长而变化。他认为，产业间的变化和经济增长总量之间是有关联的，总体经济增长导致了各产业间的增长变化不同，最后实现了产业结构的转变。

与库兹涅茨的观点相反，罗斯托则认为，若没有部门分析，经济增长就无法得到解释；并以创新为基准点，研究某些部门出现的创新，通过分析该部门与其他部门之间的复杂关联，探究该部门对产业结构变化造成的影响，特别是研究创新主导部门如何通过扩散效应促进产业结构变化，他认为，产业结构的演进及效应的发挥是促进经济发展的关键因素。

国内最早关于产业结构理论的研究文献是杨治教授在1995年出版的《产业经济学导论》。该书首次对产业结构的相关理论进行了梳理和介绍，并初步从宏观角度分析了中国产业结构及其变动对经济增长的影响，认为产业政策的制定对产业结构调整和变迁有着重要作用。此后，产业结构与经济增长相关理论研究的书籍和文章相继出现。例如，郭克莎（2001）在《结构优化与经济发展》一书中，以优化资源配置为线索，从“九五”期间产业结构变动的角度，分析了产业结构变动与经济增长的一系列问题。

二、产业结构与经济增长实证研究

根据现有文献，产业结构对经济增长的影响并没有一致性的结论，但主要存在两种观点：一是产业结构的变动对经济增长的促进作用并不显著，甚至还起到反向作用；二是产业结构的变动会推动经济增长。

一些早期的研究认为，产业结构变动不利于中国经济的稳定增长。郭克莎（1999）在研究产业结构变动中发现，中国产业结构的主要特征是第二产业比重过高而第三产业比重过低，这种结构性的变动不仅在一定程度上制约了中国经济增长，同时也影响了中国经济增长的质量。另外，有一部分研究认为，产业结构演变对经济增长并不存在明显的积极作用。吕铁（2002）和李小平（2007）通过对中国制造业结构变动的分析发现，其结构变动并未显著地促进经济的增长。但绝大多数研究依然肯定了产业结构变动对经济增长的促进作用。Peneder（2003）认为，由技术进步所推动的产业结构变动，能够通过优化要素配置效率、提升生产效率来推动该地区经济的增长。刘伟等（2008）和干春晖等（2009）的研究认为，产业结构变迁作为一种改革红利，对经济增长起着积极的作用。

在理论研究的基础上，为了进一步探索产业结构变动和经济增长之间的关系，葛新元等（2000）运用多部门经济模型分析了1952—1997年之间，中国产业结构变动对经济增长的贡献度。刘伟等（2002）利用生产函数法分别考察了三次产业在经济增长中的作用，认为仅有第三产业能有效拉动经济增长。袁捷敏（2007）采用“偏离—份额”的方法对2000—2004年全国31个省区市（除港澳台地区）进行了实证分析，揭示了产业结构与区域经济之间的关系。黄君等（2008）以1981—2006年的数据为样本，建立线性回归模型，探索中国各个产业对经济增长的贡献程度及这一贡献程度的变化情况。孙亚云（2016）和严晓玲等（2017）分别运用脉冲响应等分析计量方法，深入考察并解释产业结构变动与经济增长之间的互动机制。

三、海洋经济产业结构与海洋经济增长相关文献

关于海洋产业结构与海洋经济的相关研究，国内外学者主要是从海洋关联产业和产业结构升级这两个角度来分析的。Kildow et al.（2010）利用投入产出模型研究海洋产业自身关联，并讨论了海洋产业对国民经济的带动作用。白福臣（2009）基于灰色关联理论对中国海洋产业发展进行关联度分析，研究中国海洋产业结构的演进特点。

黄瑞芬等（2008）运用霍夫曼系数、第三产业增长弹性系数和三次产业结构变动指数等指标，全面剖析了沿海地区海洋产业结构的基本发展状况。王丹等（2010）采用主成分分析法研究了1997—2006年辽宁省海洋经济产业结构，发现辽宁省实现了产业结构功能的转变，从而保障了海洋经济的高速增长。盖美等（2010）将多部门经济模型及“偏离—份额”分析法运用于海洋经济中，进一步验证了辽宁省海洋产业结构变动对海洋经济增长的贡献。王端岚（2013）、狄乾斌等（2014）分别基于多部门经济模型和海洋产业结构贡献度测算方法，探究海洋产业结构变动对海洋经济增长的贡献，认为海洋产业结构变化对海洋经济增长具有显著的正向作用。王玲玲等（2013）、张岑等（2015）结合协整理论和误差修正模型，分析海洋产业结构与海洋经济之间的关系，研究结果表明，两者之间存在长期稳定的均衡关系。于梦璇等

（2016）考察了12个主要海洋产业的结构及其变动情况，并测算各产业生产要素投入贡献率，利用多元回归方程具体分析了各因素对海洋经济的贡献程度，并据此提出了促进各产业海洋经济发展的相关建议。

第二节｜海洋产业结构与海洋经济增长的关联：多部门模型测算

通过文献梳理，可以发现，学者们对海洋产业结构的研究主要集中于讨论海洋产业整体结构的演变历程及海洋产业结构变迁对海洋经济增长的贡献这两方面的内容。分析不同地区产业结构演变历程及贡献能力，对于深入认识海洋产业结构的演变机制和制定海洋政策具有重要的参考作用。因此，本节将基于浙江省海洋产业相关数据，对海洋三次产业的结构变迁及其对海洋经济增长的贡献能力进行深入的量化分析。

一、研究思路

在相关文献中，测算产业结构变动对经济增长贡献的方法主要有3种：

一是生产函数法。该方法通常采用柯布—道格拉斯生产函数得到投入要素与产出之间的关系。但该方法只是近似地反映经济发展的状况，且数据的可获取性较差。

二是投入产出法。该方法虽然能够详尽地反映各经济部门在生产过程中的物质消耗关系，但其前提是必须进行投入产出分析，并且有同质性和比例性的假设条件，具有很大的局限性。

三是GDP产业结构统计法。多部门经济模型按研究的需要和经济的实际情况，将经济系统分解为多个子系统，从而构造经济结构变化对经济增长贡献的影响模型。由于GDP产业结构统计法的数据可获取性高，结果较为准确，本部分选用该方法进行研究。

二、测算方法与数据

葛新元等（2000）把挪威的OSLO模型应用到中国实际，建立了中国的多部门经济增长模型，其目的是研究多个经济部门的结构变化对总体经济增长所产生的贡献度。宏观经济模型将经济整体看成一个经济单元，将实际经济中多部门的多种产品简约化为一种，用一个总量生产函数来描述。而多部门经济模型则根据研究的需要和经济系统的实际情况，将经济大系统分解为多个子系统，每个子系统可由一个生产函数来描述，而各个子系统之和则构成了经济的整体，从而建立经济结构变化对经济增长贡献的测算模型。利用该方法进行测算，不仅数据获取较为便捷，而且所得结果也较为准确。

本部分利用多部门经济模型，测算浙江省海洋三次产业结构的变动对海洋经济总产值的贡献率。模型如下：

$$Z^t = \Delta A^t \cdot G^t \tag{3.1}$$

$$P^t = \frac{Z^t}{r^t} \cdot 100\% \tag{3.2}$$

其中：$\Delta A^t = A^t - A^{t-1}$；$Z^t$ 表示在 t 时刻产业结构变动对经济增长的贡献率；A^t 是一个行向量，由 t 时刻海洋各产业产值占海洋经济总产值的比重构成；G^t 是一个列向量，由 t 时刻海洋各产业产值的增长率所构成；r^t 是 t 时刻海洋经济总产值的增长率；P^t 表示 t 时刻海洋产业结构变动的贡献率占海洋经济增长率的比重，即单纯由海洋产业结构变动引起的海洋经济总产值增长所占的份额。该模型主要用于同一区域在不同时期间海洋产业结构贡献的纵向对比。

鉴于数据的可得性，根据《中国海洋统计年鉴》《浙江统计年鉴》，本部分选取2006—2018年浙江省海洋生产总值和海洋三次产业产值等数据，利用多部门经济模型，计算各个年份相应的贡献率。

三、实证分析

根据上述多部门经济模型，基于浙江省2006—2018年的海洋三次产业产值，计算得到各个年份的Z值和P值，见表3.1。

表3.1　浙江省海洋产业结构变动对海洋经济增长的贡献率

单位：%

年　份	Z 值	P 值
2007	0.14	0.76
2008	0.22	1.51
2009	0.02	0.18
2010	0.06	0.22
2011	0.06	0.32
2012	0.09	0.80
2013	0.01	0.08
2014	0.09	1.43
2015	0.00	0.01
2016	0.05	0.51
2017	0.63	7.89
2018	0.08	0.83

数据来源：根据《中国海洋统计年鉴》《浙江统计年鉴》等计算得出。

表3.1中，Z值表示浙江省2007—2018年间，海洋产业结构变动对海洋经济增长的贡献率，P值表示由于海洋产业结构变动所引起的海洋经济增长率占海洋经济总增长率的比重。为了更直观地展现浙江省海洋产业结构变动对海洋经济增长贡献率的变化趋势，我们绘制了折线图，如图3.1所示。

2007—2018年，浙江省海洋产业结构变动对海洋经济增长的贡献率均值为0.12%，变动所引起的海洋经济增长率占海洋经济总增长率的均值为1.21%，这表明海洋经济增长的1.21%是由产业结构变动引起的。由图3.1可知，Z值和P值的变化趋势大体一致，波动幅度均较大。在此期间，浙江省海洋经济均表现出“三、二、一”的产业结构特征。

从历史数据来看，在2008年、2012年和2014年，Z值和P值均较高，主要原因是，这3年中，海洋经济第三产业的占比增幅较大。从2016年开始，浙江省出台了一系列的海洋经济发展政策，地区海洋产业结构进一步优化，第三产业比例迅速提高，增幅达到最大；因此，2017年，海洋产业结构变动对海洋经济增长的贡献率达到0.63%，在海洋经济总增长率中贡献了7.89%的份额。

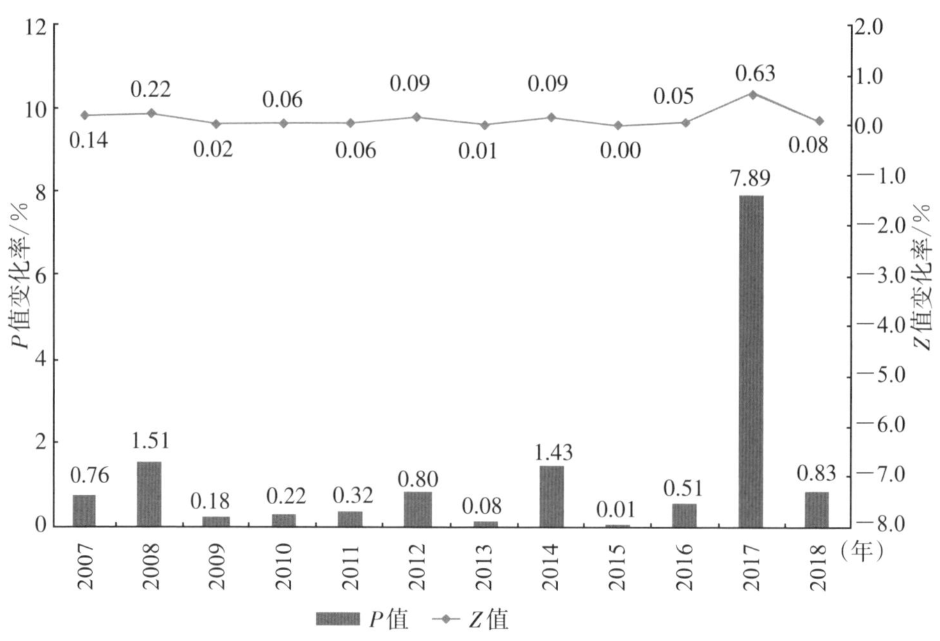

图3.1　浙江省海洋产业结构两项指标的动态变化

第三节｜结构变动对海洋经济增长的弹性分析：分产业的视角

在多部门经济模型中，Z值和P值刻画了海洋产业结构变动对经济增长贡献度的相对水平，但并未反映其绝对效应。本节将对浙江省海洋三次产业与海洋经济生产总值进行多元回归分析，以掌握其统计规律，进一步研究海洋产业结构变动对经济增长的绝对贡献能力。

一、研究思路

从海洋产业生产的微观角度来看，海洋产业结构变动只是海洋经济增长的结果，生产要素投入贡献率才是实现海洋经济增长的关键点。随着技术进步和海洋主导产业的更替，投入要素从低增长率部门向高增长率部门流动，由此带来的“结构红利”可以促进生产效率的提升，维持海洋经济的持续增长。孙瑞杰等（2011）基于柯布—道格拉斯（C-D）生产函数和索洛增长速度方程相结合的生产函数法对海洋投入要素的贡献率进行了测算。乔俊果等（2012）采用C-D生产函数拓展模型，对2000—2008年沿海地区海洋经济数据进行实证分析，以测算海洋生产要素是否对经济增长具有促进作用。

研究海洋产业生产要素投入贡献率的文献大致可分为两类：一类不区分海洋产业，直接对海洋经济生产要素进行整体测算；另一类对海洋产业进行区分，针对某几个海洋产业进行测算。

沈金生等（2013）对11个海洋产业经济要素的投入贡献率进行分析发现：同一生产要素在不同海洋产业中的投入贡献率存在显著的差异，这意味着同一生产要素在不同产业中的弹性系数差异较大。基于上述研究的主要结论，为了避免忽略海洋生产要素在不同产业结构水平下所导致的海洋经济发展的差异性，我们基于经典的C-D生产函数，构建多元回归模型来研究不同海洋产业结构对经济增长的影响，为进一步促进海洋经济持续增长提供理论支持。

二、测算模型

关于生产要素投入对经济增长的影响研究，大部分学者采用C-D生产函数进行分析。柯布—道格拉斯生产函数认为，影响产出的主要是资本、劳动力和技术这3个因素，其一般公式为：

$$Y=AL^{\alpha}K^{\beta} \tag{3.3}$$

其中：Y表示总产值；A表示技术水平；L表示劳动力投入；K表示资本投入；α表示劳动力产出的弹性系数；β表示资本弹性系数。为了衡量产业结构变动所引起的变化，可对C-D生产函数进行拓展，将浙江省海洋经济的三次产业结构引入方程中，则公式（3.3）可变换为：

$$Y=f（X_1，X_2，X_3，A，K，L） \tag{3.4}$$

其中：Y为浙江省海洋经济总产值；X_1为浙江省海洋第一产业产值；X_2为浙江省海洋第二产业产值；X_3为浙江省海洋第三产业产值；A为浙江省海洋经济发展中的技术因素；K为浙江省海洋经济发展中的资本投入；L为浙江省海洋经济发展中的劳动力投入。

对公式（3.4）求全微分，得到：

$$dY = \frac{\partial Y}{\partial X_1}dX_1 + \frac{\partial Y}{\partial X_2}dX_2 + \frac{\partial Y}{\partial X_3}dX_3 + \frac{\partial Y}{\partial A}dA + \frac{\partial Y}{\partial K}dK + \frac{\partial Y}{\partial L}dL \tag{3.5}$$

将式（3.5）两边都除以Y，得到：

$$\frac{dY}{Y} = \frac{X_1}{Y}\frac{\partial Y}{\partial X_1}\frac{dX_1}{X_1} + \frac{X_2}{Y}\frac{\partial Y}{\partial X_2}\frac{dX_2}{X_2} + \frac{X_3}{Y}\frac{\partial Y}{\partial X_3}\frac{dX_3}{X_3} + \frac{A}{Y}\frac{\partial Y}{\partial A}\frac{dA}{A} + \frac{K}{Y}\frac{\partial Y}{\partial K}\frac{dK}{K} + \frac{L}{Y}\frac{\partial Y}{\partial L}\frac{dL}{L} \tag{3.6}$$

其中：$\frac{X_1}{Y}\frac{\partial Y}{\partial X_1}$表示海洋第一产业对海洋经济增长的弹性，可以记为$\beta_1$；同理，$\frac{X_2}{Y}\frac{\partial Y}{\partial X_2}$和$\frac{X_3}{Y}\frac{\partial Y}{\partial X_3}$分别记为$\beta_2$和$\beta_3$；此外，技术、资本和劳动力的贡献值可以看成一个固定常数，记为β_0。因此，公式（3.6）可以简化为：

$$\frac{dY}{Y} = \beta_0 + \beta_1\frac{dX_1}{X_1} + \beta_2\frac{dX_2}{X_2} + \beta_3\frac{dX_3}{X_3} \tag{3.7}$$

对式（3.7）两边取对数，可得线性方程：

$$\text{Ln}Y = \beta_1\text{Ln}X_1 + \beta_2\text{Ln}X_2 + \beta_3\text{Ln}X_3 + \varepsilon \tag{3.8}$$

其中ε表示误差。利用公式（3.8）便可对相关参数进行回归估计。

三、实证分析

根据上文的推导过程，拓展后的C-D生产函数实质上是一个多元线性方程。收集相关数据后，利用Eviews 6.0软件，可采用最小二乘法对模型进行参数估计。模型的样本选取时间为2006—2018年，最终所得结果如表3.2所示。

表3.2　海洋三次产业结构的OLS估计结果

变　量	系　数	误　差	T统计值	P　值
C	0.946	0.013	74.856	0.000
$\text{Ln}X_1$	0.086	0.010	8.303	0.000
$\text{Ln}X_2$	0.359	0.008	43.438	0.000
$\text{Ln}X_3$	0.550	0.007	74.560	0.000

回归方程为：

$$\mathrm{Ln}Y=0.946+0.086\mathrm{Ln}X_1+0.359\mathrm{Ln}X_2+0.550\mathrm{Ln}X_3 \quad (3.9)$$

$$(74.856) \quad (8.303) \quad (43.438) \quad (74.560)$$

$$\overline{R^2}=0.999 \qquad F=292\ 177.0 \qquad DW=1.8971$$

根据公式（3.9）的回归估计结果，在显著性水平为1%时，由T统计值所对应的P值可知，所有变量的系数都通过了显著性检验。由于方程存在多个变量，方程的拟合优度主要取决于调整的判决系数$\overline{R^2}$（0.999）。该系数值越接近1，说明该方程就样本数据而言拟合程度越高。同时，该方程的F统计值为292 177.0，且其对应的P值为0.000，说明方程整体是显著的。另外，DW为1.8971，这说明模型间并不存在自相关关系，参数估计结果是有意义的。

整体来看，浙江省海洋第三产业对海洋生产总值的贡献效应最好，当海洋第三产业产值增长1%时，海洋生产总值就增长0.550%；海洋第二产业次之，当海洋第二产业产值增加1%时，海洋生产总值就增长0.359%；而海洋第一产业对经济增长的拉动作用最小，当海洋第一产业产值增加1%时，海洋经济生产总值仅增长0.086%。

在海洋经济发展的初期，主要以捕捞业为主，由于第一产业对海洋经济的拉动作用非常弱，这一阶段的海洋产业并不发达。随着第二产业的发展及第三产业的兴起，浙江省海洋生产总值大幅上涨，这也体现了第二产业和第三产业对海洋经济的拉动作用要远远大于海洋第一产业。

第四节 | 本章小结

一、主要结论

本部分利用浙江省2006—2018年的海洋经济数据进行分析：第一，运用多部门经济模型来定量研究浙江省海洋产业结构变动对海洋经济增长贡献的相对水平；第二，为了进一步研究海洋产业结构变动对经济增长的绝对贡献能力，建立了浙江省海洋经济生产总值与海洋三次产业产值的多元回归模型，发现两者之间存在较好的线性关系。基于以上分析，我们可以得出以下结论：

首先，浙江省海洋经济总体发展速度较快。根据《中国海洋统计年鉴》《浙江统计年鉴》，浙江省海洋经济生产总值从2006年的1985亿元增长到2018年的7965亿元，增长了3.01倍；海洋经济三次产业均呈现出了良好的发展态势，2006—2018年的年平均增长率分别为8.78%、10.67%和14.30%。

其次，浙江省海洋产业结构调整的持续性和稳定性不足。整体来看，浙江省海洋产业结构趋向合理化，到2006年就已经基本呈现出了“三二一”的比例结构。但产业结构仍然很不稳定，三次产业比重波动较大。近年来，浙江省海洋第一、二产业的比例有所下降，第三产业虽呈现上升趋势但推动经济增长的作用并不显著。因此，海洋产业结构变动对海洋经济增长的贡献度一直处于较低的水平。

最后，浙江省海洋产业发展的后劲略有不足。从浙江省海洋产业的增长率来看，三次产业的增长率均未呈现出稳定上升的趋势，反而呈现波动发展态势，并且呈现了明显的下降趋势。而海洋二、三产业作为浙江省海洋经济的主导产业，其增长率下滑直接导致了浙江省海洋经济增长率的放缓。

二、若干建议

海洋产业结构的优化，对一个省区市乃至一个国家的海洋经济发展而言，具有重要意义，也是海洋经济健康和快速发展的正确途径。为加快优化浙江省海洋产业结构的进程，缩小浙江省与海洋经济发达地区的差距，本节提出如下建议：

（一）改造提升海洋传统产业，合理优化海洋产业结构

加大传统海洋产业的提升改造力度，有计划、有重点地对传统海洋产业进行技术改造，使传统海洋产业由资本密集型转型为技术密集型。例如，针对传统海洋油气业和船舶制造业，可以加强政府在海洋技术方面的支持，帮助企业积极引进先进技术，保持可持续发展。对于海洋交通运输业，应加大港口枢纽的建设投入，充分发挥沿海港口的产业带动作用，为实现传统海洋产业的集约化发展提供基础设施。

（二）发挥政府引导作用，建立金融支持机制

由于海洋产业具有弱质性、高风险等特点，政府应对海洋高新技术产业

的金融支持给予政策倾斜；加大金融支持力度，在拓宽融资渠道、增大信贷规模等方面推出具体举措，引导海洋新兴产业、高附加值产业等领域的良好发展。同时，积极鼓励民间资本与海洋新兴产业合作，形成多元化的投融资机制。发挥金融业的长效支撑机制，加快构建完整的海洋金融生态环境，促进社会信用体系、金融风险管理机制及金融监管等多方面的协调发展。

（三）依托海洋科技，全面优化海洋产业结构

大力发展海洋科技，实施科技兴海战略，吸收和学习先进的海洋技术相关新成果。依托海洋产业企业、涉海高等院校及科研机构，加快发展海洋高新技术，在稳步发展优势产业的基础上，引导和扶持海洋新兴产业的发展，改造传统海洋产业，提升海洋二、三产业结构的比重。重视建立和完善海洋科学技术研究，提高海洋科学与技术水平，从而形成海洋产业结构优化的良性循环，推动海洋产业的高质量发展。

第四章 浙江省海洋经济高质量发展综合评价

发展海洋经济是我国经济转型升级、实施供给侧结构性改革的一大重要内容。我国海洋面积广阔、海洋资源相对丰富，长期以来海洋经济发展过于关注经济增长速度，而忽视高质量方面的目标，尤其是在海洋生态保护、海洋资源高效利用、环境保护等方面。在我国经济已由高速增长阶段转向高质量发展阶段的大背景下，开展海洋经济高质量发展综合评价，有助于掌握海洋经济高质量发展的现状、水平和存在的制约因素，为相关部门制定政策提供基础数据。本章基于浙江省海洋经济发展的现状，在界定海洋经济高质量发展内涵的基础上，通过构建海洋经济高质量发展评价指标体系，以浙江省为例进行了实际的测算与分析，为海洋经济高质量发展提供决策依据。

第一节｜研究现状

作为海洋大国，我国拥有广阔的海域面积，拥有32 000多千米的海岸线，有着优越的海域自然环境和丰富的海洋资源。近年来，随着“建设海洋强国”战略的深入实施，海洋经济生产总值在国民经济中的比重逐渐增大，海洋经济已经成为拉动经济发展的新的增长点。本节将对海洋经济发展现状进行描述，并对高质量发展的内涵进行界定。

一、研究背景

习近平总书记在党的十九大报告中指出：“我国经济已由高速增长阶段转向高质量发展阶段。”[①]推动高质量发展，是保持经济持续健康发展的必然要求，是适应我国社会主要矛盾变化、全面建成小康社会和全面建设社会主义现代化国家的必然要求，因此必须加快形成推动高质量发展的指标体系、政治体系、标准体系、统计体系、绩效评价和政绩考核体系，创建和完善制度环境，推动我国经济在实现高质量发展上不断取得新进展。

发展海洋经济是我国经济转型升级、实施供给侧结构性改革的一大重要

①《决胜全面建成小康社会　夺取新时代中国特色社会主义伟大胜利》,《人民日报》,2017年10月19日,第1版。

内容。2018年3月8日，习近平总书记在参加十三届全国人大一次会议山东代表团审议会时，提到“海洋是高质量发展的战略要地；要加快建设世界一流的海洋港口、完善的现代海洋产业体系、绿色可持续的海洋生态环境，为海洋强国建设做出贡献”。[①]自党的十八大明确提出“提高海洋资源开发能力，发展海洋经济，保护海洋生态环境，坚决维护国家海洋权益，建设海洋强国”[②]以来，国务院开展了各类相关海洋经济发展的综合改革试验、示范建设；各沿海省市区通过创新海洋综合管理、加强海洋强省建设规划、落实相关政策与产业指导，积极探索海洋经济发展新模式，取得了较大的成效。

浙江省作为传统的海洋经济大省，在海洋经济建设方面取得了显著的成效。根据历年《中国海洋统计年鉴》的统计数据，2005年以来，浙江省海洋产业的年均增长率远高于省内其他产业的年均增长率，并且浙江省海洋经济的发展在全国也处于领先水平。2018年，浙江省实现海洋经济生产总值7965亿元，同比增长9.8%；2012—2018年，年均增长率超过9%，比全省生产总值年均增长率高了1个百分点以上；海洋经济三次产业结构比重为7∶34∶59，与2005年相比，产业结构不断得到优化和提升，海洋第三产业的比重逐年上涨。

在浙江省海洋经济快速发展的同时，资源枯竭和环境恶化等问题也日益凸显。例如，海洋资源的利用潜力日益枯竭、海洋生态环境不断恶化、海洋灾害频发、海洋产业结构布局不合理、海陆统筹能力偏弱、海洋科技创新能力不足等问题不断出现，导致海洋经济发展速度与质量的矛盾日益突出，海洋经济的发展质量亟待提高。

基于以上情况，本章以“海洋经济高质量发展综合评价”为主题进行探索性研究。在讨论海洋经济高质量发展内涵的基础上，根据现有的海洋经济统计体系、数据资料建立评价指标体系；并以浙江省为例进行实际的测算与分析，为浙江省海洋经济高质量发展提供决策依据。

① 参见王自堃：《在高质量发展战略要地上展现新作为》，《中国海洋报》，2018年3月12日，第1版。

②《坚定不移沿着中国特色社会主义道路前进，为全面建成小康社会而奋斗》，《人民日报》，2012年11月9日。

二、高质量发展的相关概念

（一）高质量发展的基本内涵

高质量发展是我国经济在经历30多年高速增长之后的升级阶段，也是当前和今后一个时期确定发展思路、制定经济政策、实施宏观调控的根本要求。实现高质量发展具有重要意义：其一，对破解我国社会主要矛盾具有重要意义。进入中国特色社会主义新时代，我国社会主要矛盾已经转化为人民日益增长的美好生活需要和不平衡不充分的发展之间的矛盾，而要着力解决好不平衡不充分问题，就必须推动经济高质量发展。其二，其是提高我国国际竞争力的重要途径。虽然我国经济总量已跃居世界第二，但“大而不强”、处于全球价值链中低端位置的问题同样存在，在世界新科技的变革不断加快的形势下，要提高竞争力，就必须走高质量的发展路径。

关于高质量发展问题，党的十九大报告指出：我国经济已由高速增长阶段转向高质量发展阶段，正处在转变发展方式、优化经济结构、转换增长动力的攻关期，建设现代化经济体系是跨越关口的迫切要求和我国发展的战略目标。必须坚持质量第一、效益优先，以供给侧结构性改革为主线，推动经济发展质量变革、效率变革、动力变革，提高全要素生产率，着力加快建设实体经济、科技创新、现代金融、人力资源协同发展的产业体系，着力构建市场机制有效、微观主体有活力、宏观调控有度的经济体制，不断增强我国经济创新力和竞争力。①

2018年3月5日，习近平总书记在参加十三届全国人大一次会议内蒙古代表团审议会时强调，推动经济高质量发展，要把重点放在推动产业结构转型升级上，把实体经济做实做强做优，要立足优势、挖掘潜力、扬长补短，努力改变传统产业多新兴产业少、低端产品多高端产品少、资源型产业多高附加值产业少、劳动密集型产业多科技密集型产业少的状况，构建多元发展、多极支撑的现代产业新体系，形成优势突出、结构合理、创新驱动、区域协调、城乡一体发展的新格局。要把现代能源经济这篇文章做好，紧跟世界能

①《决胜全面建成小康社会　夺取新时代中国特色社会主义伟大胜利》，《人民日报》，2018年10月19日，第1版。

源技术革命新趋势，延长产业链条，提高能源资源综合利用效率。要加强生态环境保护建设，在祖国北疆筑起万里绿色长城。①

相关专家与学者分别从不同的角度对高质量发展进行了解读。例如，全国政协委员杨成长在采访中表示，高质量发展应具备4个特征：首先是能够更好地发挥人和技术的作用；其次是实现绿色发展和经济增长结构优化；再次是高质量发展的产业服务资源要上台阶；最后是实现经济增长的成果分配更加公平公正。②国务院发展研究中心李佐军则认为，推动高质量发展的动力应该转变，应由三大“旧动力”向制度变革、结构优化、要素升级等“新动力”转变，只有推进动力变革，才能真正实现中国经济由高速度增长转向高质量发展。③

全国政协委员、中国人民大学校长刘伟表示，在微观上，高质量发展应以生产要素、生产力、全要素效率的提高为基础，而非单纯地依靠要素投入量的扩大来实现经济增长；在中观上，应重视发展的结构性问题，包括产业结构、市场结构、区域结构的升级，实现资源的优化配置；在宏观上，则关注经济的均衡发展。④

（二）高质量发展与相关概念的区别

高质量发展的本质仍是发展，但却是一种新型的发展模式，它更关注发展的质量因素，与以往我们推崇的高速经济增长及可持续发展等均有差异。

1. 高质量发展与高速增长的差异

高质量发展是从高速增长模式转变而来的，两者的主要区别体现在以下方面。

一是目标不同。在经济的高速发展阶段，我们主要追求经济总量的提高和经济发展速度的提升，以粗放型的投资驱动来带动规模扩张，以实现经济

① 参见乔金亮：《打造更加亮丽的祖国北疆风景线》，《经济日报》，2018年3月7日，第4版。

② 参见徐赟：《高质量发展：新指标体系亟待建立》，《公共改革报》，2018年3月6日，第1版。

③ 李佐军认为三大“旧动力”分别是：出口、投资、消费需求侧“三驾马车”；劳动力、土地、能源、资金等生产要素的大规模粗犷投放；GDP导向的制度设计。参见李佐军：《中国经济转向高质量发展阶段》，《中国报道》，2017年第12期，第94页。

④ 参见马常艳：《全国政协委员刘伟：中国经济高质量发展并非不要速度》，2018年3月5日（http://www.ce.cn/xwzx/gnsz/gdxw/201803/05/t20180305_28340729.shtml）。

增长。而高质量发展则主要是在发展经济的同时，更加重视发展的质量问题，通过从结构、效益、效率、公平等方面提升发展质量来实现高质量发展。

二是内涵和衡量标准不同。高速增长仅指经济总量的提高，往往单纯采用产出来衡量，常用的评价指标为绝对指标，如国内生产总值、人均国内生产总值等。而高质量发展的格局和内涵更为丰富，它虽涉及总量，但弱化了对经济总量的关注度，主要从经济发展的效益、结构、创新驱动和可持续性等多维角度来衡量经济发展水平的高低。

2. 高质量发展与可持续发展的差异

可持续发展是既满足当代人的需求，又不对后代人满足其需求的能力构成危害的发展。可持续发展是在考虑发展的同时，也考虑自然资源和环境的长期承载能力，注重选择合适的发展模式，以实现环境、资源与经济社会发展的和谐统一。

与可持续发展相比，高质量发展包含了可持续发展的目标要求。只有可持续的经济发展才称得上高质量的发展；同时，只有构筑经济可持续发展的支撑体系才能实现高质量发展。

但经济的高质量发展不仅限于通过可持续性来体现，它还具有其他多个方面的表现，如更重视发展的效益、发展的创新动力、发展的稳定性、发展的结构优化等。因此，高质量发展比可持续发展的内涵更为丰富，其发展目标要求更具有全面性和前瞻性。

（三）海洋经济高质量发展的界定

在经济由高速增长阶段转向高质量发展阶段的过程中，从陆地走向海洋，高效利用海洋资源，是一种必然选择。从空间载体上看，海洋作为开发利用的对象，比陆地有更大的空间。从产业发展上看，涉海的很多产业属于新兴产业，是蓝色经济的绿色发展，符合现阶段我国经济高质量发展的新要求。

海洋经济的高质量发展是高质量发展模式在海洋经济建设领域的具体应用。综合前文对高质量发展的理解，笔者认为，海洋经济高质量发展的内涵可归纳为：在发展中更加注重经济结构优化、新旧动能转化、效益优化、经济社会协同发展、人民生活水平显著提高的要求。它是一种生产要素投入少、资源配置效率高、资源环境成本低、经济社会效益好的发展。海洋经济高质量发展是体现新发展理念的发展，即创新成为第一动力、协调成为内生特点、绿色成为普遍形态、开放成为必由之路、共享成为根本目的的发展。需要我们在发展的过程中坚持质量第一、效益优先，通过全要素生产率的提高和科技创新水平等的进步来体现高的发展质量。

根据海洋经济高质量发展的内涵，结合高质量发展的要求，可以将海洋经济高质量发展的特征概括为以下几点：一是效益优化，尤其表现为全要素生产率得到显著提升；二是科技创新的驱动作用愈加明显；三是海洋资源得到合理有效的应用；四是经济结构的布局得到合理优化；五是海洋生态环境得到保护和重视。

第二节｜海洋经济高质量发展评价指标体系的设计

就海洋经济高质量发展的综合评价而言，指标体系的构建尤为重要。首先，指标体系的建立必须科学合理；其次，各指标还需满足相应数据可获得的要求。本节主要讨论海洋经济高质量发展评价指标体系的构建及相关数据的处理等内容。

一、指标体系框架

根据前文对海洋经济高质量发展的理解，本节从海洋经济发展实力、海洋产业结构优化度、海洋科技创新力、海洋资源环境承载力、海洋综合管理力、海洋文化软实力、海洋对外开放度与社会经济发展支撑力等8个方面出发，构建海洋经济高质量发展评价指标体系，并以浙江省为例进行海洋经济高质量发展的评价与分析。在指标体系设计时，充分考虑相关部门数据的可获取性，遵循指标体系设计的系统性、全面性、层次性、科学性与可比性等原则。

（一）海洋经济发展实力

海洋经济发展实力包括4项指标，分别从海洋经济发展水平、海洋经济发展效益2个角度诠释浙江省海洋经济发展现状。

人均海洋生产总值与海洋经济密度反映了按人口与海域面积平均的海洋经济发展水平。海洋生产总值占地区生产总值比重表示地区生产总值的几成来自海洋，体现了海洋经济对国民经济的贡献。涉海就业人员占总体从业人员比重，从吸收劳动力的角度反映了海洋经济的规模及其在经济发展中的地位与贡献，反映了涉海就业对地区就业的促进情况。海域集约利用指数体现了单位海域面积上的生产活动产生的经济效益。通过对海洋经济发展现状的描述，定位海洋经济的发展水平，为未来高质量发展提供经济基础。

（二）海洋产业结构优化度

海洋产业结构优化度用于衡量海洋产业结构自身的发展水平，体现海洋产业内部的结构关系，海洋经济高质量发展情况体现在海洋产业结构的改造升级力度上，这里从产业升级和结构优化2个角度进行衡量。

由于海洋经济高质量发展一方面表现为海洋新兴经济的培育壮大，选取新兴产业占比这一指标来反映海洋新兴经济的培育状况。结合浙江省的发展状况，本部分选取海洋生物医药业、海洋电力业、海水利用业、滨海旅游业及海洋设备制造业的增加值作为新兴产业增加值。

另一方面，海洋生产总值为海洋产业增加值与海洋相关产业增加值之和，而海洋产业增加值可分解为海洋主要产业增加值、海洋科研教育管理服务业增加值2项内容，因此，海洋产业贡献率及海洋科研教育管理服务业占比，可用来反映产业升级贡献率；第三产业占比则是可以衡量海洋经济运行结构是否合理的重要评价指标；非渔海洋产业系统结构转化率则可以反映海洋第二、三产业的协调程度。从推动海洋经济高质量发展的角度来看，海洋产业结构优化升级是其必备条件。

（三）海洋科技创新力

海洋科技创新力是衡量浙江省海洋经济发展过程中海洋科技投入产出的综合水平及未来发展潜力的因素。根据全球经济发展的普遍规律，一个经济体实现持续性发展的前提，就是需要具备强大的科技支撑体系。在实现海洋经济高质量发展的转型中，应该加大科技创新投入力度，提高海洋科技产出水平。

笔者认为，海洋科技创新力指标应包括海洋科技基础建设、海洋创新投入及海洋创新产出等3个方面。海洋科技基础建设方面，通过海洋科研机构数及高等学校涉海专业点数量2个指标体现海洋人才的培养输出能力及人才可持续增长的能力；海洋创新投入方面，主要从海洋科研机构经费投入和海洋科研机构高级职称人员比重来体现海洋科研的投入力度；海洋创新产出方面，通过课题数及专利授权数来反映海洋科研成果的产出效率。海洋科技创新力的高低直接影响海洋经济高质量发展潜力。

（四）海洋资源环境承载力

海洋生态环境走绿色可持续的道路事关高质量发展的实现，也是人类社会实现长远可持续发展的必要条件。2018年3月8日，习近平总书记在参加十三届全国人大一次会议山东代表团审议会时强调加快建设“绿色可持续的海洋生态环境”①，表明了海洋生态环境保护在推动涉海经济高质量发展中的重要作用。

目前，浙江省海洋生态系统建设力度和珍稀濒危物种保护力度均有待加大，近岸海域生态环境承载力还比较弱，沿海防灾减灾任务较为艰巨。结合浙江省的发展情况，我们从资源条件和环境保护角度衡量海洋经济高质量发展情况。资源条件指标主要采用海域面积占陆地面积比重和规模以上码头长度来反映海洋空间发展资源；人均水资源量体现了海洋资源的人均可利用量。环境保护指标则从海洋自然保护区面积及全海域较清洁海域面积来反映海洋环境的绿色可持续发展潜力。

（五）海洋综合管理力

海洋综合管理力是在以国家海洋整体利益为目标的前提下，国家、地方各级海洋行政部门及其他与海洋综合管理事务相关的部门利用法律、行政、经济等手段对管辖海域的空间、资源、环境和权益进行可持续的总体统筹和全面式的管理。

此处从海域管理及生态管理2个方面选取5个指标，海域管理方面包括海域使用金征收和确权海域使用权证书等2个指标，生态管理方面包括海滨观测台数、近岸水质观测站数量及废水治理项目竣工数量等3个指标。本节从

① 可参阅中国日报网（http://china.chinadaily.com.cn/2018-08/13/content_36755440.htm）的报道。

海洋经济总体统筹角度衡量海洋经济高质量发展情况。

（六）海洋文化软实力

积极建设作为海洋经济发展的软实力的文化事业，发展滨海旅游经济，是海洋经济高质量发展的内在潜力。此处从基础建设和产出效益2个方面选取指标，基础建设方面指标包括旅行社数和星级酒店数，产出效益方面指标包括旅游景区个数及滨海旅游业增加值。通过建设文化产业，发展海洋服务业，促进海洋经济高质量发展。

（七）海洋对外开放度

2017年10月18日，习近平总书记在党的十九大报告中强调，“要以‘一带一路’建设为重点，坚持引进来和走出去并重，遵循共商共建共享原则，加强创新能力开放合作，形成陆海内外联动、东西双向互济的开放格局”。[①] 海洋是各国联系的纽带，在全面开放的时代背景下，海洋经济将会面临更开放的发展环境，推动海洋经济高质量发展，要主动顺应经济全球化潮流，牢固树立开放发展理念，坚持走开放发展之路，提高对外开放的质量和发展的内外联动性，形成海洋经济开放发展的新格局。

此处主要从贸易领域和服务领域2个方面选取指标，沿海港口外贸货物吞吐量、进出口货物总额及外贸依存度（进出口额/GDP）能够体现对外开放的贸易依赖程度，而接待入境旅游人数和国际旅游（外汇）收入则能够反映对外开放的服务力度，这2个方面均能体现海洋经济高质量发展情况。

（八）社会经济发展支撑力

社会发展是海洋经济高质量发展的根本目的，因此社会经济发展是高质量发展指标体系中的重要组成部分。我们构建的指标体系从经济支撑与基础设施支撑2个角度选取指标。其中：经济支撑包括地区人均生产总值和地区人均一般公共预算收入，均为人均指标，体现社会经济的发展以人民为中心，因为海洋经济高质量发展的最终目的是提高人民的生活质量；基础设施支撑则包括沿海万吨级以上港口码头泊位数、卫生机构数及全社会固定资产投资，反映海洋经济高质量发展过程中经济社会的基础建设发展情况。

---

① 可参阅新华网（http://www.xinhuanet.com/politics/2018-10/08/c_1123528418.htm）的报道。

根据上述思路，本部分建立了海洋经济高质量发展评价指标体系，包括8个一级指标、17个二级指标、40个三级指标，具体情况可见表4.1。

表4.1　海洋经济高质量发展评价指标体系

一级指标	二级指标	三级指标	数据来源
海洋经济发展实力	海洋经济发展水平	x_1海洋经济密度(亿元/千米)	《中国海洋统计年鉴》
		x_2海洋生产总值占地区生产总值比重(%)	《中国海洋统计年鉴》
	海洋经济发展效益	x_3人均海洋生产总值(亿元/万人)	《中国海洋统计年鉴》
		x_4涉海就业人员占总体从业人员比重(%)	《中国海洋统计年鉴》
		x_5海域集约利用指数(亿元/平方千米)	《浙江统计年鉴》
海洋产业结构优化度	产业升级	x_6新兴产业占比(%)	《浙江统计年鉴》
		x_7海洋产业贡献率(%)	《浙江统计年鉴》
		x_8海洋科研教育管理服务业占比(%)	《中国海洋统计年鉴》
	结构优化	x_9第三产业占比(%)	《中国海洋统计年鉴》
		x_{10}非渔海洋产业系统结构转化率(%)	《浙江统计年鉴》
海洋科技创新力	海洋科技基础建设	x_{11}海洋科研机构数(个)	《中国海洋统计年鉴》
		x_{12}高等学校涉海专业点数量(个)	《中国海洋统计年鉴》
	海洋创新投入	x_{13}海洋科研机构经费收入(万元)	《中国海洋统计年鉴》
		x_{14}海洋科研机构高级职称人员比重(%)	《中国海洋统计年鉴》
	海洋创新产出	x_{15}海洋科研机构课题数(项)	《中国海洋统计年鉴》
		x_{16}海洋专利授权数(件)	《中国海洋统计年鉴》
海洋资源环境承载力	资源条件	x_{17}海域面积占陆地面积比重(%)	《浙江统计年鉴》
		x_{18}规模以上码头长度(米)	《浙江统计年鉴》
		x_{19}人均水资源拥有量(立方米/人)	《浙江统计年鉴》
	环境保护	x_{20}海洋自然保护区面积(平方千米)	《中国海洋环境质量公报》
		x_{21}全海域较清洁海域面积(平方千米)	《中国海洋环境质量公报》
海洋综合管理力	海域管理	x_{22}海域使用金征收(万元)	《中国海洋统计年鉴》
		x_{23}确权海域使用权证书(本)	《中国海洋统计年鉴》
	生态管理	x_{24}海滨观测台数(个)	《中国海洋统计年鉴》
		x_{25}近岸水质观测站数量(个)	《中国海洋环境质量公报》
		x_{26}废水治理项目竣工数量(个)	《中国海洋统计年鉴》
海洋文化软实力	基础建设	x_{27}旅行社数(家)	《浙江旅游年鉴》
		x_{28}星级酒店数(座)	《浙江旅游年鉴》
	产出效益	x_{29}旅游景区个数(家)	《中国旅游统计年鉴》
		x_{30}滨海旅游业增加值(亿元)	《浙江旅游年鉴》

续 表

一级指标	二级指标	三级指标	数据来源
海洋对外开放度	贸易领域	x_{31}外贸依存度(%)	《中国海洋统计年鉴》
		x_{32}沿海港口外贸货物吞吐量(万吨)	《浙江统计年鉴》
		x_{33}进出口货物总额(万美元)	《中国统计年鉴》
	服务领域	x_{34}接待入境旅游人数(人次)	《浙江旅游年鉴》
		x_{35}国际旅游(外汇)收入(亿美元)	《浙江旅游年鉴》
社会经济发展支撑力	经济支撑	x_{36}地区人均生产总值(亿元/万人)	《浙江统计年鉴》
		x_{37}地区人均一般公共预算收入(亿元/万人)	《中国统计年鉴》
	基础设施支撑	x_{38}沿海万吨级以上港口码头泊位数(个)	《中国港口年鉴》
		x_{39}卫生机构数(个)	《中国统计年鉴》
		x_{40}全社会固定资产投资(亿元)	《中国海洋统计年鉴》

二、指标解释与数据来源

（一）指标解释

海洋经济密度（x_1）主要反映单位海洋资源的经济产出强度。该指标值越高，表示单位产出强度越高。计算公式采用：

$$海洋经济密度=\frac{海洋生产总值}{海岸线长度}$$

海洋生产总值占地区生产总值比重（x_2）主要反映了海洋经济规模在地区经济总规模中所占的份额。其值越高，说明海洋经济在国民经济中的地位越重要。计算公式采用：

$$海洋生产总值占地区生产总值比重=\frac{海洋生产总值}{地区生产总值}\times 100\%$$

人均海洋生产总值（x_3）主要反映了按人口平均的海洋经济发展水平。其值越高，表示人均海洋经济发展效益越好。计算公式采用：

$$人均海洋生产总值=\frac{海洋生产总值}{年末地区人数}$$

涉海就业人员占总体从业人员比重（x_4）主要从吸收劳动力的角度反映了海洋经济的规模及其在经济发展中的地位与贡献。其值越高，表明涉海就业对促进地区就业越有帮助。计算公式采用：

$$涉海就业人员占总体从业人员比重=\frac{涉海就业人数}{全社会就业人数}\times 100\%$$

海域集约利用指数（x_5）主要反映了单位海域面积上的生产活动产生的经济效益。其值越高，说明单位海域上生产经营的经济效益越好。计算公式采用：

$$海域集约利用指数=\frac{海洋产业增加值}{确权海域面积}$$

新兴产业占比（x_6）主要反映了海洋经济中新兴经济的培育状况。其值越高，说明海洋新兴经济越壮大。计算公式采用：

$$新兴产业占比=\frac{海洋产业增加值}{海洋生产总值}\times 100\%$$

海洋产业贡献率（x_7）主要反映了海洋产业在地区经济总规模中所占的份额。其值越高，说明海洋产业在国民经济中的贡献率越高。计算公式采用：

$$海洋产业贡献率=\frac{海洋产业增加值}{地区生产总值}\times 100\%$$

海洋科研教育管理服务业占比（x_8）主要反映了海洋科研教育管理服务业在海洋生产总值中占的比重。其值越高，说明海洋产业结构优化得越好。计算公式采用：

$$海洋科研教育管理服务业占比=\frac{海洋科研教育管理服务业增加值}{海洋生产总值}\times 100\%$$

第三产业占比（x_9）是用来衡量海洋经济运行结构是否合理的重要评价指标。该指标值越高，表示海洋经济运行结构优化情况越好。计算公式采用：

$$第三产业占比=\frac{海洋第三产业增加值}{海洋生产总值}\times 100\%$$

非渔海洋产业系统结构转化率（x_{10}）主要反映了海洋第二、三产业的协调程度。该指标值越高，表示海洋产业结构优化情况越好。计算公式采用：

$$X=\sqrt{\sum_{i=1}^{n}\frac{(N_i-G)^2\times K_i}{G}}$$

式中：n为样本数；N_i和G分别为海洋产业产值（除渔业）和海洋生产总值的年均增长率；K为海洋产业产值（除渔业）占海洋生产总值的比重。

海洋科研机构数（x_{11}）主要反映了海洋人才的培养输出能力。其值越高，说明海洋人才培养能力越好。

高等学校涉海专业点数量（x_{12}）主要反映了海洋人才可持续增长的能力。其值高，说明海洋人才能够持续得到良好的供应。

海洋科研机构经费收入（x_{13}）主要反映了对海洋科研在资金上的投入力度。其值越高，说明海洋科研情况越受重视。

海洋科研机构高级职称人员比重（x_{14}）主要反映了对海洋科研在人才上的投入力度。其值越高，说明在从事海洋科研事务的人才中，高级人才占的比重越大。计算公式采用：

$$\text{海洋科研机构高级职称人员比重}=\frac{\text{科研机构专业技术高级职称人数}}{\text{科研机构专业技术人数}}\times 100\%$$

海洋科研机构课题数（x_{15}）主要反映了海洋科研成果的产出效率。其值越高，表明海洋科研成果产出状况越好。

海洋专利授权数（x_{16}）主要反映了海洋科研创新能力的高低。其值越高，表明海洋科研方面的创新能力越强。

海域面积占陆地面积比重（x_{17}）主要从海域面积角度反映了海洋空间发展资源情况。其值越大，表示有越多的可利用的海洋空间资源。计算公式采用：

$$\text{海域面积占陆地面积比重}=\frac{\text{确权海域面积}}{\text{陆地面积}}\times 100\%$$

规模以上码头长度（x_{18}）主要反映了海洋空间发展资源的利用情况。其值越大，表示浙江省对海洋空间的利用程度越高。

人均水资源拥有量（x_{19}）主要反映了海洋经济发展中的水资源承载力。

海洋自然保护区面积（x_{20}）主要反映了海洋生态环境保护状况。其值越大，说明对海洋环境保护力度越大，越重视海洋可持续发展能力。

全海域较清洁海域面积（x_{21}）反映了海洋环境的绿色可持续发展潜力和近岸海域生态环境承载力。其值越大，表明海洋生态环境承载力越好。

海域使用金征收（x_{22}）主要从海洋经济总体统筹管理角度衡量海洋经济高质量发展情况。其值越高，表明对海洋管理越到位。

确权海域使用权证书（x_{23}）主要从使用权角度反映了浙江省海洋管理情况。其值越高，说明浙江省在海域管理方面机制越完善。

海滨观测台数（x_{24}）主要从海滨观测设备角度来衡量海洋生态管理状况。其值越高，说明浙江省对海洋生态越重视。

近岸水质观测站数量（x_{25}）主要从水质观测角度来反映海洋生态管理状况。其值越高，说明对近岸水质变化情况越重视。

废水治理项目竣工数量（x_{26}）主要反映了对海洋生态环境的治理情况。其值越高，说明海洋污染得到的治理越好。

旅行社数（x_{27}）主要反映了海洋文化产业中滨海旅游业、海洋服务业的发展情况。其值越高，说明文化产业对海洋新兴经济的发展的促进效果越好。

星级酒店数（x_{28}）主要从基础建设方面来反映在海洋各产业中文化产业所占的比重。其值越高，说明海洋文化产业发展得越好。

旅游景区个数（x_{29}）主要反映了滨海旅游在产出效益上的发展情况。其值越高，说明滨海旅游越有助于海洋文化的保护与建设，越能促进海洋经济高质量发展。

滨海旅游业增加值（x_{30}）主要反映了作为海洋新兴产业之一的滨海旅游业的发展状况。其值越高，说明海洋经济在新兴产业上的发展越好。

外贸依存度（x_{31}）主要体现了对外开放的贸易依赖程度。其值越高，说明对外贸进出口的依赖性越高。计算公式采用：

$$\text{外贸依存度}=\frac{\text{进出口货物总额}\times\text{年平均汇率}}{\text{地区生产总值}}$$

沿海港口外贸货物吞吐量（x_{32}）主要从沿海港口外贸货物量的角度来反映海洋经济中的对外贸易情况。其值越高，说明对外贸易量越大。

进出口货物总额（x_{33}）主要从进出口货物总额角度来体现对外开放力度。其值越高，说明对外开放力度越大。

接待入境旅游人数（x_{34}）主要反映了对外开放的服务力度。其值越大，说明接待的外国游客越多，对外开放的服务力度越大。

国际旅游（外汇）收入（x_{35}）主要结合浙江省海岛众多且现代服务业快速发展现状，反映了海洋经济高质量发展情况。其值越大，说明对外开放带来的收益也越高。

地区人均生产总值（x_{36}）采用人均指标，体现社会经济的发展以人民为中心。其值越高，说明海洋经济高质量发展越能为提高人民的生活质量服务。计算公式采用：

$$\text{地区人均生产总值}=\frac{\text{地区生产总值}}{\text{年末地区人口数}}$$

地区人均一般公共预算收入（x_{37}）采用人均指标，反映了社会政府财政支出情况。其值越大，说明人民生活质量越好。计算公式采用：

$$\text{地区人均公共预算收入} = \frac{\text{公共预算收入}}{\text{年末地区人数}}$$

沿海万吨级以上港口码头泊位数（x_{38}）主要反映了社会为海洋经济发展提供的基础设施支撑情况。其值越高，表示社会为海洋经济的发展提供支撑的情况越好。

卫生机构数（x_{39}）主要从卫生机构数目角度反映了社会的基础设施情况。其值越高，表明社会当前基础设施越完善。

全社会固定资产投资（x_{40}）主要反映了在海洋经济高质量发展过程中经济社会的基础设施建设情况。其值越高，表明当前社会发展越好。

（二）数据来源

为了保证数据的可获得性及评价工作的连续性，结合《中国海洋统计年鉴》《中国海洋环境质量公报》《浙江统计年鉴》《浙江旅游年鉴》等，本节选择以2006—2018年为样本期，开展浙江省海洋经济高质量发展评价。数据均来自相关政府部门公开出版的各类统计年鉴，以及相关主管部门发布的统计公报、统计资料等。

三、数据估算

由于《中国海洋统计年鉴》目前仅更新至2018年，部分数据无法获得，我们采用了统计推算的方法确定2017年、2018年这2个年度的相关指标值。具体的推算思路如下。

（一）比例推算法

采用已知历年浙江省相关指标占全国的比重和2017年、2018年全国该相关指标数据，来推算浙江省2017年、2018年相关指标的未知数据，公式可表示为：

$$Y_{t+1} = X_{t+1} \times \frac{Y_t}{X_t} \tag{4.1}$$

其中，Y_{t+1}表示浙江省最近年份相关指标的未知数据，X_{t+1}表示全国最近年份该指标的已知数据。

以浙江省涉海就业人数的推算为例。我们根据2006—2016年的《中国海洋统计年鉴》中的浙江省涉海就业人数占全国涉海就业人数比重，再利用2017年、2018年的《中国海洋经济统计公报》中的全国涉海就业人员数进行推算。相应的推算公式为：

$$Y_{2017}=X_{2017}\times\frac{\left(\sum_{t=2006}^{2016}\frac{Y_t}{X_t}\right)}{10} \tag{4.2}$$

其中，Y_t表示浙江省最近年份相关指标的已知数据，X_t表示全国最近年份该指标的已知数据。

（二）指数平滑法

指数平滑法是通过对过去的观察值加权平均进行预测的一种方法，该方法使$t+1$期的预测值等于t期的实际观察值与t期的预测值的加权平均值。指数平滑法是加权平均的一种特殊形式，观察值的时间越远，其权数也跟着出现指数下降现象，因而称为指数平滑。公式为：

$$F_{t+1}=\alpha Y_t+(1-\alpha)F_t \tag{4.3}$$

式中，Y_t为t期的实际观察值，F_t为t期的预测值，α为平滑系数（$0<\alpha<1$），在本书中，平滑系数α被设定为0.3。

在海洋经济高质量发展评价中，部分缺失年份数据的指标采用该方法进行估算，如海洋科研机构数、高等学校涉海专业点数量、海洋科研机构经费收入、海洋科研机构高级职称人员比重、海洋科研机构课题数、海洋专利授权数、人均水资源量、海滨观测台数和旅游景区个数等。

第三节｜海洋经济高质量发展评价方法

一、基本思路

根据表4.1，海洋经济高质量发展水平可分解为8个方面。为了保证在开展整体测算的同时，也能测算各个分项的发展情况，需要在评价方法上进行有效的设计。鉴于评价指标体系中的各指标在属性性质、计量单位及数量级别方面均存在差异，本部分拟采用效用函数综合评价法进行具体的评价。其基本思想是：通过对数据进行量化处理，消除不同指标之间的量纲差异；结合层次分析法与熵值法开展指标权重的分配，将各指标的当量化值，按照指标体系的层级结构，综合为效用值；以此得到指标值的综合得分，并根据层级结构分别计算各分项的综合分值。

效用函数评价法的基本步骤如下：

第一步，构造综合评价指标体系。

第二步，利用无量纲化函数对各指标值进行无量纲化处理。

第三步，根据评价指标体系分配权重。

第四步，选择合适的加权合成评价模型，计算综合得分。可采用简单的线性加权合成模型，计算公式如下：

$$F_i = \sum_{j=1}^{p} w_j y_j \tag{4.4}$$

其中，w_j表示第j项指标的权重，y_j表示第i个地区第j项指标规范化处理后的数据。同时，也可以得到各分项的评价得分值F_i（$1 \leqslant i \leqslant 8$）。

第五步，根据综合得分可开展评价与分析。

二、数据预处理

由于存在多个指标，在开展综合评价前，需要对数据进行预处理，主要包括以下3个方面：

一是数据的同趋化处理。通常按照指标描述经济含义的特点，可以把其分为正指标、逆指标和适度指标。其中，正指标是指其值越大越好的那一类指标；逆指标则是指标取值越小越好的指标；而适度指标是指其在一定的区间范围内取值为优良状态。这3种类型的指标，由于其数值的经济含义不同，不能直接相加，需要对之进行方向趋势上的统一。

二是数据的无量纲化处理。各指标的计量单位和量级并不相同，例如，高质量发展评价指标体系中，有的是绝对数指标，有的为相对数指标，这两类指标并不能直接相加。同时，各指标的计量单位并不相同，直接相加也无明确的经济含义。因此，在进行综合评价前，需要消除各指标量纲不同的影响，使得指标之间具有可比性、可集成性。

三是数据的归一化处理。由于各指标的取值范围不同，例如，相对数指标的取值范围往往为［0，1］；绝对数指标的取值并不确定，有可能为正，亦有可能为负，从而无法按照公式（4.1）进行指标合成。为了实现指标可计算和可比较，需要将指标逐一进行归一化处理，把所有指标的取值区间统一变换到某一区间。

针对以上3个问题，本节拟采用功效系数法对指标数据进行规范化处理，并将所有指标的取值范围控制为［50，100］。由于指标体系中存在正指标和逆指标这两种类型，需要分别进行变化统一。正指标、逆指标的规范化分别可以表示为公式（4.5）和公式（4.6）：

$$y_j=\frac{x_j-\min(x_j)}{\max(x_j)-\min(x_j)}\times 50+50 \tag{4.5}$$

$$y_j=\frac{\max(x_j)-x_j}{\max(x_j)-\min(x_j)}\times 50+50 \tag{4.6}$$

其中，x_j为第j项指标的原始数据，$\max(x_j)$、$\min(x_j)$分别为x_j的极大值和极小值，y_j表示第j项指标经规范化处理后的结果。

三、指标权重的分配

（一）基本思路

在海洋经济高质量发展评价指标体系中，各一级指标的重要性并不相同；在相同的一级指标下，各二级指标对于评价目标的重要程度也不尽相同。因此需要对各指标进行适当的权重分配。指标权重的分配方法，目前大致可分为两大类：一类是主观构权法，另一类则是客观构权法。主观构权法借助评价者的专业知识和工作经验进行权重分配，而客观构权法则完全由评价数据的特征来确定指标权重。另外，在部分研究中，也有将两者综合的方法，即主客观协同构权法。

在获取海洋经济高质量发展评价数据后，我们采用主客观协同构权法的思路，将主观构权法中的层次分析法和客观构权法中的熵值法，进行优化组合。具体步骤见图4.1。

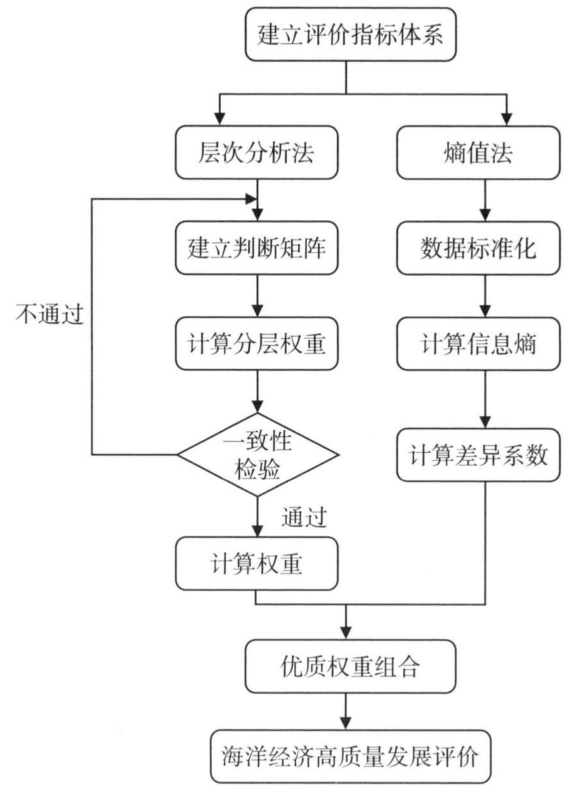

图4.1　基于层次分析法和熵值法的主客观协同构权法的步骤

（二）层次分析构权法

层次分析法是目前应用较多的一种定量与定性相结合的方法。它按照既定的标度理论对同一层次中各因素进行两两对比，得到表示相对重要程度的比较标度，再通过构建判断矩阵，分配各因素的权重，并据此进行决策。我们采用Satty的层次分析法的构权标度体系来构造判断矩阵，具体可见表4.2。

表4.2　层次分析法的构权标度体系

a_{ji} 值	定　义
1	因素i与因素j一样重要
3	因素i比因素j稍微重要
5	因素i比因素j明显重要
7	因素i比因素j强烈重要
9	因素i比因素j极端重要

续 表

a_{ji} 值	定 义
2,4,6,8	因素i与因素j的重要性比较时，处于以上情形的中间位置
倒数	因素j与因素i的比较结果是因素i与因素j比较结果的倒数，即$a_{ji}=\frac{1}{a_{ij}}$

本研究的思路是，按照指标体系的层级结构分别在每一个层次下对指标权重进行分配；通过指标权重的逐层汇总，取得各测算指标对于总目标的权重。以一级指标为例，计算权重过程如下：

第一步，比较8个一级指标的重要性程度，得到比例判断矩阵 $\boldsymbol{A}$ 。

$$\boldsymbol{A}=\begin{pmatrix} 1 & 1/3 & 1/3 & 1 & 3 & 3 & 1/3 & 1 \\ 3 & 1 & 1/2 & 1 & 3 & 3 & 2 & 2 \\ 3 & 2 & 1 & 2 & 3 & 3 & 3 & 1 \\ 1 & 1 & 1/2 & 1 & 3 & 3 & 3 & 1 \\ 1/3 & 1/3 & 1/3 & 1/3 & 1 & 2 & 3 & 1/3 \\ 1/3 & 1/3 & 1/3 & 1/3 & 1/2 & 1 & 2 & 1/3 \\ 3 & 3 & 1/3 & 1/3 & 1/2 & 3 & 1 & 2 \\ 1 & 1 & 1 & 1 & 3 & 3 & 1/2 & 1 \end{pmatrix}$$

第二步，根据比例判断矩阵，计算一级指标的行几何平均数 $\overline{R}$ 。

$\overline{R}=$（0.8717 1.6465 2.0598 1.3845 0.5985 0.4023 0.9170 1.1067）′

然后，对行几何平均数进行归一化处理，得到权重w。

w=(0.0970 0.1832 0.2292 0.1541 0.0666 0.0448 0.1020 0.1231)′

通过计算，可得海洋经济发展实力、海洋产业结构优化度、海洋科技创新力、海洋资源环境承载力、海洋综合管理力、海洋文化软实力、海洋对外开放度和社会经济发展支撑力8个一级指标的权重分别为0.0970、0.1832、0.2292、0.1541、0.0666、0.0448、0.1020和0.1231。

然而，在实际的评价问题决策过程中，由于决策者对评价问题的主观认知、偏好、学识的不同，决策者对所有判断矩阵都保持一致性要求是十分困难的，各判断之间往往难以协调一致，容易出现相互矛盾的后果，因此必须对一级指标的判断矩阵进行一致性检验。

第三步，开展判断矩阵的一致性检验。过程如下：

首先，计算判断矩阵的最大特征根λ_{max}；其次，计算一致性指标$C.I$；最后，计算满意一致性指标$C.R=\dfrac{C.I}{R.I}$，其中$R.I$是平均随机一致性指标，具体数值如表4.3所示。

表4.3　R.I的取值规则

阶　数	1	2	3	4	5	6	7	8	9	10
$R.I$	0	0	0.58	0.90	1.12	1.24	1.32	1.41	1.45	1.49

相应的计算结果分别为：

$$\lambda_{max}=\frac{1}{n}\sum_{i=1}^{n}\frac{(Aw)_i}{w_i}=8.8753$$

$$C.I=\frac{\lambda_{max}-n}{n-1}=0.1250$$

$$C.R=\frac{C.I}{R.I}=0.08<0.1$$

一般而言，$C.R$愈小，判断矩阵的一致性愈好。当$C.R<0.1$时，认为评判矩阵和判断矩阵具有满意一致性，可以被接受。因此，一级指标权重的分配方案通过检验。

同理，开展针对各二级、三级指标的权重分配，分别可得到相应的成果。最终采用链式法则，计算各测算指标在评价指标体系中的权重。公式可表示为：

$$\rho_{ijk}=w_i\times w_{ij}\times w_{ijk} \tag{4.7}$$

利用公式（4.8）对指标权重做归一化处理，结果可见表4.4。

$$\mu_{ijk}=\frac{\rho_{ijk}}{\sum_i\sum_j\rho_{ijk}} \tag{4.8}$$

其中，ρ_{ijk}、μ_{ijk}分别表示第i个一级指标中第j个二级指标的指标k在指标体系中的分配权重、归一化后的权重；w_i则表示第i个一级指标的权重；w_{ij}表示第i个一级指标中第j个指标的权重；w_{ijk}则表示第i个一级指标中第j个二级指标的第k个三级指标的权重。

表4.4 浙江省海洋经济高质量发展评价指标体系权重分配结果——层次分析法

一级指标及权重	二级指标及权重	三级指标及权重
海洋经济发展实力(0.0970)	海洋经济发展水平(0.0243)	x_1海洋经济密度(0.0061)
		x_2海洋生产总值占地区生产总值比重(0.0182)
	海洋经济发展效益(0.0727)	x_3人均海洋生产总值(0.0242)
		x_4涉海就业人员占总体从业人员比重(0.0102)
		x_5海域集约利用指数(0.0384)
海洋产业结构优化度(0.1832)	产业升级(0.0916)	x_6新兴产业占比(0.0605)
		x_7海洋产业贡献率(0.0191)
		x_8海洋科研教育管理服务业占比(0.0120)
	结构优化(0.0916)	x_9第三产业占比(0.0687)
		x_{10}非渔海洋产业系统结构转化率(0.0229)
海洋科技创新力(0.2292)	海洋科技基础建设(0.0596)	x_{11}海洋科研机构数(0.0397)
		x_{12}高等学校涉海专业点数量(0.0199)
	海洋创新投入(0.0751)	x_{13}海洋科研机构经费收入(0.0563)
		x_{14}海洋科研机构高级职称人员比重(0.0188)
	海洋创新产出(0.0945)	x_{15}海洋科研机构课题数(0.0315)
		x_{16}海洋专利授权数(0.0630)
海洋资源环境承载力(0.1541)	资源条件(0.0386)	x_{17}海域面积占陆地面积比重(0.0060)
		x_{18}规模以上码头长度(0.0096)
		x_{19}人均水资源量(0.0229)
	环境保护(0.1155)	x_{20}海洋自然保护区面积(0.0770)
		x_{21}全海域较清洁海域面积(0.0385)
海洋综合管理力(0.0666)	海域管理(0.0111)	x_{22}海域使用金征收(0.0083)
		x_{23}确权海域使用权证书(0.0028)
	生态管理(0.0555)	x_{24}海滨观测台数(0.0144)
		x_{25}近岸水质观测站数量(0.0182)
		x_{26}废水治理项目竣工数量(0.0229)
海洋文化软实力(0.0448)	基础建设(0.0149)	x_{27}旅行社数(0.0099)
		x_{28}星级酒店数(0.0050)
	产出效益(0.0299)	x_{29}旅游景区个数(0.0075)
		x_{30}滨海旅游业增加值(0.0224)

续 表

一级指标及权重	二级指标及权重	三级指标及权重
海洋对外开放度(0.1020)	贸易领域(0.0680)	x_{31}外贸依存度(0.0380)
		x_{32}沿海港口外贸货物吞吐量(0.0083)
		x_{33}进出口货物总额(0.0217)
	服务领域(0.0340)	x_{34}接待入境旅游人数(0.0068)
		x_{35}国际旅游(外汇)收入(0.0272)
社会经济发展支撑力(0.1231)	经济支撑(0.0616)	x_{36}地区人均生产总值(0.0308)
		x_{37}地区人均一般公共预算收入(0.0308)
	基础设施支撑(0.0615)	x_{38}沿海万吨级以上港口码头泊位数(0.0072)
		x_{39}卫生机构数(0.0165)
		x_{40}全社会固定资产投资(0.0378)

注：表内括号内的数值表示相应指标的权重。

（三）熵值法

熵值法属于客观构权法，是依据数据信息量大小来分配指标权重。在指标体系内，某一指标提供的信息量越大，其在评价指标体系中的重要性也应该越高。具体计算步骤可概括如下：

第一步，整理形成评价数据矩阵。根据评价指标体系，以不同年份作为观测点，形成评价系统的原始数据矩阵。

第二步，对指标数据进行标准化处理。由于各指标的量纲不同、含义不同、数量级不同，为了消除指标数据因量纲不同而对评价结果产生的影响，必须先对得到的各指标的原始数据进行标准化处理。

第三步，计算指标比重及信息熵值。具体公式为：

$$e_j=-k\sum_{i=1}^{m}p_{ij}\ln p_{ij} \tag{4.9}$$

其中，$k=\dfrac{1}{\ln m}$，m表示观测年份长度，x_{ij}表示指标j在第i个年份上的指标值，x_{ij}^*为x_{ij}标准化的数值，p_{ij}则表示相应的比重。

第四步，计算指标的差异系数。差异系数越大，表示该指标对于评价目标的作用越大，对最终的评价结果就越重要，因此权重值也越大。具体公式为：

$$g_j=1-e_j \tag{4.10}$$

第五步，计算归一化后的评价指标权重。公式采用：

$$p_j=\frac{1-e_j}{\sum_{j=1}^{n}g_j} \tag{4.11}$$

根据熵值法的计算步骤，可得到各指标的权重分配，结果见表4.5。

表4.5　浙江省海洋经济高质量发展评价指标体系权重分配结果——熵值法

<table>
<tr><th>一级指标及权重</th><th>二级指标及权重</th><th>三级指标及权重</th></tr>
<tr><td rowspan="5">海洋经济发展实力(0.1340)</td><td rowspan="2">海洋经济发展水平(0.0468)</td><td>x_1海洋经济密度(0.0254)</td></tr>
<tr><td>x_2海洋生产总值占地区生产总值比重(0.0214)</td></tr>
<tr><td rowspan="3">海洋经济发展效益(0.0872)</td><td>x_3人均海洋生产总值(0.0255)</td></tr>
<tr><td>x_4涉海就业人员占总体从业人员比重(0.0242)</td></tr>
<tr><td>x_5海域集约利用指数(0.0375)</td></tr>
<tr><td rowspan="5">海洋产业结构优化度(0.1171)</td><td rowspan="3">产业升级(0.0732)</td><td>x_6新兴产业占比(0.0215)</td></tr>
<tr><td>x_7海洋产业贡献率(0.0269)</td></tr>
<tr><td>x_8海洋科研教育管理服务业占比(0.0248)</td></tr>
<tr><td rowspan="2">结构优化(0.0439)</td><td>x_9第三产业占比(0.0173)</td></tr>
<tr><td>x_{10}非渔海洋产业系统结构转化率(0.0266)</td></tr>
<tr><td rowspan="6">海洋科技创新力(0.1777)</td><td rowspan="2">海洋科技基础建设(0.0566)</td><td>x_{11}海洋科研机构数(0.0374)</td></tr>
<tr><td>x_{12}高等学校涉海专业点数量(0.0192)</td></tr>
<tr><td rowspan="2">海洋创新投入(0.0590)</td><td>x_{13}海洋科研机构经费收入(0.0438)</td></tr>
<tr><td>x_{14}海洋科研机构高级职称人员比重(0.0152)</td></tr>
<tr><td rowspan="2">海洋创新产出(0.0621)</td><td>x_{15}海洋科研机构课题数(0.0249)</td></tr>
<tr><td>x_{16}海洋专利授权数(0.0372)</td></tr>
<tr><td rowspan="5">海洋资源环境承载力(0.1306)</td><td rowspan="3">资源条件(0.0793)</td><td>x_{17}海域面积占陆地面积比重(0.0358)</td></tr>
<tr><td>x_{18}规模以上码头长度(0.0211)</td></tr>
<tr><td>x_{19}人均水资源量(0.0223)</td></tr>
<tr><td rowspan="2">环境保护(0.0513)</td><td>x_{20}海洋自然保护区面积(0.0184)</td></tr>
<tr><td>x_{21}全海域较清洁海域面积(0.0329)</td></tr>
<tr><td rowspan="5">海洋综合管理力(0.1148)</td><td rowspan="2">海域管理(0.0394)</td><td>x_{22}海域使用金征收(0.0169)</td></tr>
<tr><td>x_{23}确权海域使用权证书(0.0225)</td></tr>
<tr><td rowspan="3">生态管理(0.0754)</td><td>x_{24}海滨观测台数(0.0329)</td></tr>
<tr><td>x_{25}近岸水质观测站数量(0.0255)</td></tr>
<tr><td>x_{26}废水治理项目竣工数量(0.0169)</td></tr>
</table>

续 表

一级指标及权重	二级指标及权重	三级指标及权重
海洋文化软实力(0.0922)	基础建设(0.0385)	x_{27}旅行社数(0.0204)
		x_{28}星级酒店数(0.0181)
	产出效益(0.0537)	x_{29}旅游景区个数(0.0270)
		x_{30}滨海旅游业增加值(0.0267)
海洋对外开放度(0.1054)	贸易领域(0.0611)	x_{31}外贸依存度(0.0135)
		x_{32}沿海港口外贸货物吞吐量(0.0257)
		x_{33}进出口货物总额(0.0220)
	服务领域(0.0443)	x_{34}接待入境旅游人数(0.0230)
		x_{35}国际旅游(外汇)收入(0.0213)
社会经济发展支撑力(0.1283)	经济支撑(0.0457)	x_{36}地区人均生产总值(0.0214)
		x_{37}地区人均一般公共预算收入(0.0242)
	基础设施支撑(0.0826)	x_{38}沿海万吨级以上港口码头泊位数(0.0227)
		x_{39}卫生机构数(0.0291)
		x_{40}全社会固定资产投资(0.0308)

（四）权重的组合

利用层次分析法、熵值法分别求出权重分配结果后，将其进行组合，以实现主观构权法和客观构权法的优势互补，具体可采用平均组合的方式，即

$$\theta_j = \frac{w_j + p_j}{2} \tag{4.12}$$

组合后的各指标的权重见表4.6。

表4.6 浙江省海洋经济高质量发展评价指标体系权重分配结果——组合赋权法

一级指标及权重	二级指标及权重	三级指标及权重
海洋经济发展实力(0.1108)	海洋经济发展水平(0.0358)	x_1海洋经济密度(0.0159)
		x_2海洋生产总值占地区生产总值比重(0.0199)
	海洋经济发展效益(0.0751)	x_3人均海洋生产总值(0.0250)
		x_4涉海就业人员占总体从业人员比重(0.0173)
		x_5海域集约利用指数(0.0328)

续 表

一级指标及权重	二级指标及权重	三级指标及权重
海洋产业结构优化度(0.1508)	产业升级(0.0828)	x_6新兴产业占比(0.0411)
		x_7海洋产业贡献率(0.0231)
		x_8海洋科研教育管理服务业占比(0.0185)
	结构优化(0.0680)	x_9第三产业占比(0.0431)
		x_{10}非渔海洋产业系统结构转化率(0.0249)
海洋科技创新力(0.2044)	海洋科技基础建设(0.0584)	x_{11}海洋科研机构数(0.0388)
		x_{12}高等学校涉海专业点数量(0.0196)
	海洋创新投入(0.0674)	x_{13}海洋科研机构经费收入(0.0503)
		x_{14}海洋科研机构高级职称人员比重(0.0171)
	海洋创新产出(0.0786)	x_{15}海洋科研机构课题数(0.0283)
		x_{16}海洋专利授权数(0.0503)
海洋资源环境承载力(0.1430)	资源条件(0.0593)	x_{17}海域面积占陆地面积比重(0.0211)
		x_{18}规模以上码头长度(0.0155)
		x_{19}人均水资源量(0.0227)
	环境保护(0.0837)	x_{20}海洋自然保护区面积(0.0478)
		x_{21}全海域较清洁海域面积(0.0359)
海洋综合管理力(0.0913)	海域管理(0.0255)	x_{22}海域使用金征收(0.0127)
		x_{23}确权海域使用权证书(0.0128)
	生态管理(0.0658)	x_{24}海滨观测台数(0.0128)
		x_{25}近岸水质观测站数量(0.0220)
		x_{26}废水治理项目竣工数量(0.0200)
海洋文化软实力(0.0690)	基础建设(0.0269)	x_{27}旅行社数(0.0153)
		x_{28}星级酒店数(0.0116)
	产出效益(0.0421)	x_{29}旅游景区个数(0.0174)
		x_{30}滨海旅游业增加值(0.0247)
海洋对外开放度(0.1043)	贸易领域(0.0649)	x_{31}外贸依存度(0.0258)
		x_{32}沿海港口外贸货物吞吐量(0.0171)
		x_{33}进出口货物总额(0.0220)
	服务领域(0.0394)	x_{34}接待入境旅游人数(0.0150)
		x_{35}国际旅游(外汇)收入(0.0244)

续　表

一级指标及权重	二级指标及权重	三级指标及权重
社会经济发展支撑力(0.1264)	经济支撑(0.0538)	x_{36}地区人均生产总值(0.0262)
		x_{37}地区人均一般公共预算收入(0.0276)
	基础设施支撑(0.0726)	x_{38}沿海万吨级以上港口码头泊位数(0.0151)
		x_{39}卫生机构数(0.0230)
		x_{40}全社会固定资产投资(0.0345)

第四节｜浙江省海洋经济高质量发展的测算与分析

根据上一节的指标体系和评价方法，利用2006—2018年的《中国海洋统计年鉴》《中国海洋环境质量公报》《浙江统计年鉴》《浙江旅游年鉴》等相关数据开展实际测算。下文将分别对浙江省海洋经济高质量发展的整体水平、各分项的测算结果进行分析。

一、海洋经济高质量发展总水平

根据测算结果，总体来看，浙江省海洋经济高质量发展总体呈现上升趋势，2018年的高质量发展综合得分为83.23，与2006年相比，增长了22.19，涨幅达到了36.35%。历年测算结果可见图4.2。

根据图4.2可以发现，浙江省海洋经济高质量发展情况大致经历了3个阶段：平缓增长期、快速增长期和稳定期。其中，“十一五”期间属于平缓增长期，5年间仅增长了13.45%；“十二五”期间出现快速增长，从2011年的综合得分为68.90提升至2015年的84.02，增长了21.94%，年均增速约为4.05%；“十三五”期间，基本维持稳定。

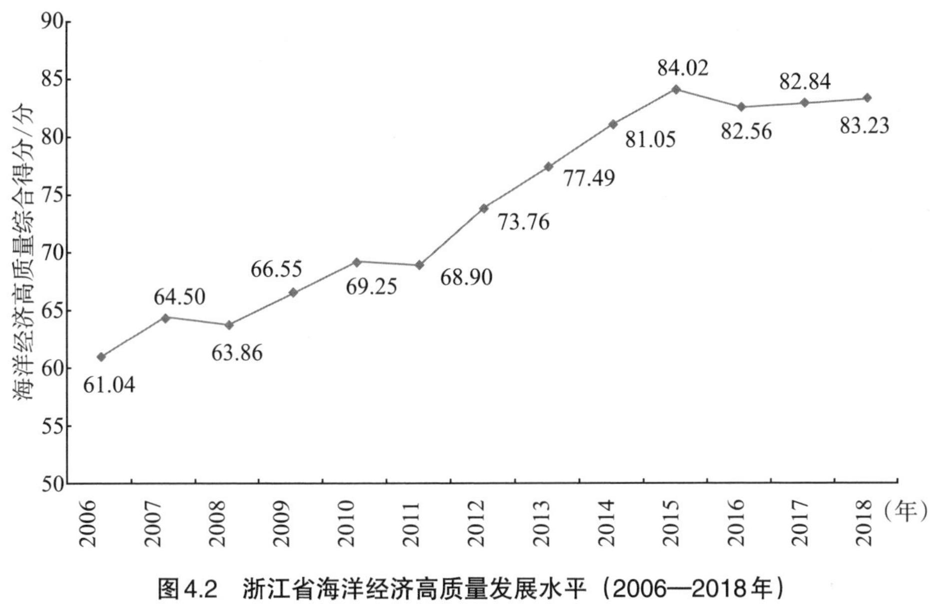

图4.2　浙江省海洋经济高质量发展水平（2006—2018年）

2011年以来，浙江省海洋经济高质量发展水平的快速提升，得益于优惠的政策支持。2011年2月25日，国务院正式批复《浙江省海洋经济发展示范区规划》，同年6月30日国务院再次批复设立浙江省舟山群岛新区，从根本上带动了浙江省海洋经济的发展，加快了建设“海上浙江”的步伐。同期，浙江省的海洋经济生产总值达到了7.12%的年均增速。

“十三五”时期是浙江省提升海洋“两区”建设水平、打造海洋强省的关键时期。2018年，浙江省再次强调要“打造全国一流的海洋科技研发资源整合、海洋经济战略支撑以及海洋综合管理创新三大平台”，高质量推进海洋经济示范区建设。在积极推动海洋经济增长的同时，浙江省也注重海洋环境的保护、海洋资源的高效利用，通过海洋资源的整合，持续提升海洋经济发展的承载力、海洋综合管理力。2006—2018年，浙江省海洋经济高质量发展的综合评价结果可见表4.7。

表4.7　浙江省海洋经济高质量发展水平评价结果(2006—2018年)

指　标		2006	2007	2008	2009	2010	2011	2012	2013	2014	2015	2016	2017	2018
一级指标	海洋经济发展实力	53.41	54.09	56.31	63.49	69.92	70.50	84.03	77.95	86.63	89.16	96.01	96.62	89.61
	海洋产业结构优化度	64.93	64.03	60.47	64.93	66.51	66.16	71.32	73.61	82.57	87.22	83.86	88.94	95.91
	海洋科技创新力	51.74	53.53	55.65	62.91	68.49	70.06	76.12	78.91	80.37	82.39	79.31	80.70	75.44
	海洋资源环境承载力	83.14	88.70	77.39	78.44	78.77	59.43	65.62	72.32	71.97	76.25	78.23	65.28	69.30
	海洋综合管理力	62.61	71.38	70.02	65.54	68.12	64.26	58.89	77.54	80.04	82.59	69.22	80.35	78.24
	海洋文化软实力	62.83	71.55	72.35	63.85	71.23	67.98	71.50	72.72	72.93	70.75	79.96	66.12	79.51
	海洋对外开放度	62.23	66.98	72.90	66.73	59.88	80.01	82.30	84.92	87.30	89.70	78.96	82.32	81.74
	社会经济发展支撑力	50.00	53.66	55.97	65.62	69.86	74.32	77.98	81.66	85.73	90.73	93.42	98.17	97.70
高质量发展综合得分		61.04	64.50	63.86	66.55	69.25	68.90	73.76	77.49	81.05	84.02	82.56	82.84	83.23

二、分项系统的测算结果

(一）海洋经济发展实力指数

根据表4.7可以发现，2006—2018年间，浙江省海洋经济发展实力指数总体呈现稳步增长的趋势。其中，2018年的指数为89.61，比2006年提高了

36.20，增长了67.78%。这与浙江省一直关注海洋经济、注重经济效益的提升有着必然联系。根据图4.3也可以发现，海洋经济发展实力指数在部分年度存在一定的波动，如2012年和2013年出现了小幅下跌，但整体向上的趋势十分明显。

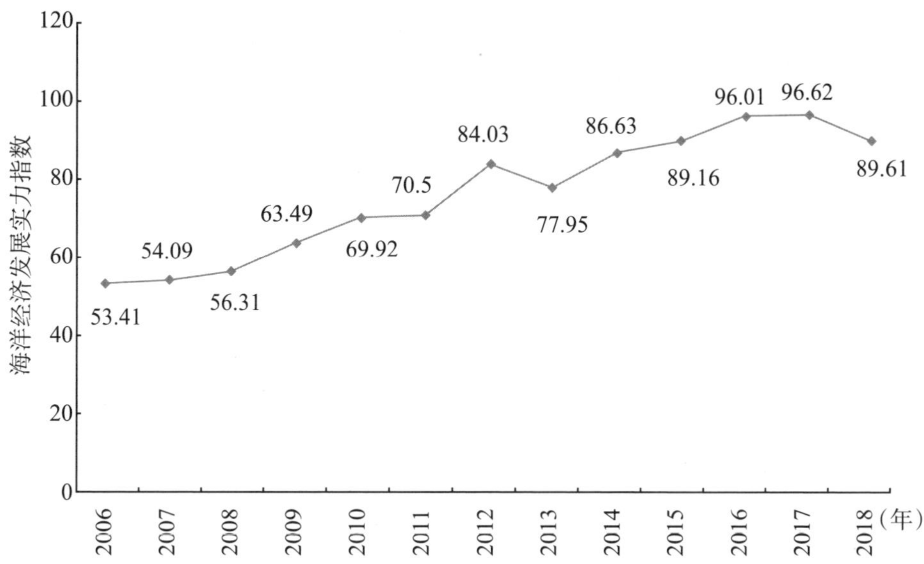

图4.3　浙江省海洋经济发展实力指数变化趋势（2006—2018年）

从海洋经济发展实力指数的2个二级指数来看，2006—2018年，海洋经济发展水平指数和海洋经济发展效益指数整体均呈上升趋势。其中，2018年海洋经济发展水平指数、海洋经济发展效益指数分别为94.16和87.43，与2006年相比，分别提升了44.16和32.39，分别增长了88.32%和58.85%。相关数据可见表4.8。

表4.8　海洋经济发展实力指数中各二级指数变化情况

年　份	海洋经济发展水平	海洋经济发展效益
2006	50.00	55.04
2007	53.37	54.44
2008	58.48	55.28
2009	82.08	54.62
2010	77.93	66.10

续 表

年 份	海洋经济发展水平	海洋经济发展效益
2011	80.79	65.59
2012	85.71	83.22
2013	84.82	74.68
2014	81.67	89.00
2015	88.09	89.66
2016	90.69	98.55
2017	89.89	99.82
2018	94.16	87.43

从上述数据来看，海洋经济发展水平指数在2009年的上升幅度较大，2010年开始便以一个稳定的趋势缓慢增长。其中：海洋经济密度指数上升趋势十分稳定，年均增长率为5.95%；而海洋生产总值占地区生产总值比重指数则呈波动上升趋势，这与浙江省总体经济发展较快有关。

海洋经济发展效益指数在2009年前呈缓慢下降的趋势，由2006年的55.04下降到了2009年的54.62。2009年后，海洋经济发展效益指数出现了快速增长的趋势，但增长情况并不稳定。例如，2012年较2011年提升了17.63，增长了26.88%，但2013年指数又下跌了10.26%。海洋经济发展效益指数尽管在2006—2018年变化波动较大，但整体仍呈上升趋势。影响海洋经济发展效益指数的指标包括人均海洋生产总值、涉海就业人员占总体从业人员比重及海域集约利用指数，其中涉海就业人员占总体从业人员比重指数在2006—2009年间下降了29.70%，是海洋经济发展效益指数在2009年前呈下降趋势的主要原因。

（二）海洋产业结构优化度指数

海洋产业结构优化度指数从2006年的64.93提升至2018年的95.91，增长了47.71%，期间呈现稳步上升的趋势。从图4.4不难看出，浙江省海洋产业结构优化度指数的变化大致经历了3个阶段。“十一五”期间，浙江省海洋产业结构优化度指数一直在65左右波动，属于产业结构动荡时期。“十二五”到“十三五”期间，浙江省海洋产业结构优化度指数稳步增长，这与海洋产

业升级和结构优化有一定的关系。

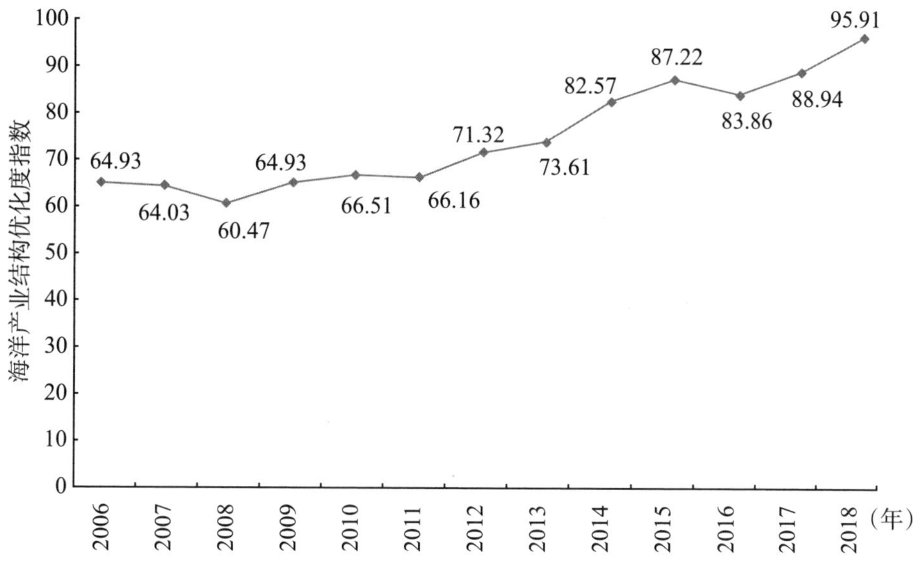

图4.4　浙江省海洋产业结构优化度指数变化趋势（2006—2018年）

从海洋产业结构优化度指数的2个二级指数来看，2006—2018年，产业升级指数和结构优化指数整体均呈缓慢上升趋势。其中，2018年，产业升级指数、结构优化指数分别为93.59和98.73，与2006年相比，分别增长了38.49%和60.02%。相关数据可见表4.9。

表4.9　海洋产业结构优化度指数中各二级指数变化情况

年　份	产业升级	结构优化
2006	67.58	61.70
2007	64.50	63.46
2008	55.02	67.09
2009	67.73	61.52
2010	74.71	56.53
2011	71.70	59.41
2012	75.65	66.04
2013	79.55	66.37
2014	88.75	75.06
2015	95.49	77.14

续 表

年　份	产业升级	结构优化
2016	89.28	77.25
2017	83.14	96.00
2018	93.59	98.73

从2006—2018年数据来看，海洋产业结构优化度指数在2008年前有下跌的趋势，2008年后便开始增长，其年均增长率为2.75%；2015—2017年，产业升级指数有轻微下跌的现象。其中，新兴产业占比指数总体呈上升趋势，并在2015年达到最高（100），2016年有所下滑，但下滑趋势不大，并于2018年再次稳定回升。而海洋产业贡献率指数一直都呈稳定上升的趋势，仅在2009年和2017年出现了两个离群值，这与该指标易受到地区生产总值变动的影响有关。海洋科研教育管理服务业占比指数呈U形曲线状，于2006—2011年间呈下滑趋势，2011年后开始上升，到2018年时，其较2006年增长了7.64%。

结构优化指数变化比较微弱。其在2006—2013年间均保持在60左右；于2014年开始有小幅上升趋势；2017年则出现了大幅上升，其值增长了24.27%。影响结构优化指数的三级指标有第三产业占比和非渔海洋产业系统结构转化率。其中：第三产业占比一直稳定上升，年均增长率为5.95%；而非渔海洋产业系统结构转化率指数则呈下降趋势，其值至2018年下降了50.00%。虽然浙江省现在重视对传统海洋产业的技术改造和新兴产业升级，但目前来看，新兴产业占比和非渔海洋产业系统结构转化率仍有待提高。

目前，浙江省海洋第一、第二、第三产业产值之比已经由2006年的9.1∶42.2∶48.7演变为2018年的6.7∶34.2∶59.1。虽然海洋经济三次产业结构趋向合理，呈现“三、二、一”的发展模式，但是产业结构的内涵层次较低，因此海洋产业结构调整需要进一步创新理念、深化内涵、提升层次，要不断提高海洋产业的科技含量，促进海洋新兴经济的发展。

（三）海洋科技创新力指数

海洋科技创新力指数从2006年的51.74提升至2018年的75.44，增长了45.81%。其中，2006—2015年，该指数呈线性上升的趋势，在2015年后基本稳定，2015—2018年均在80上下波动。浙江省自从“十一五”时期提出实施“科技兴海”战略后，大力调整科技资源配置，使得海洋科技创新力指数基本呈现稳定上升趋势。具体变化趋势见图4.5。

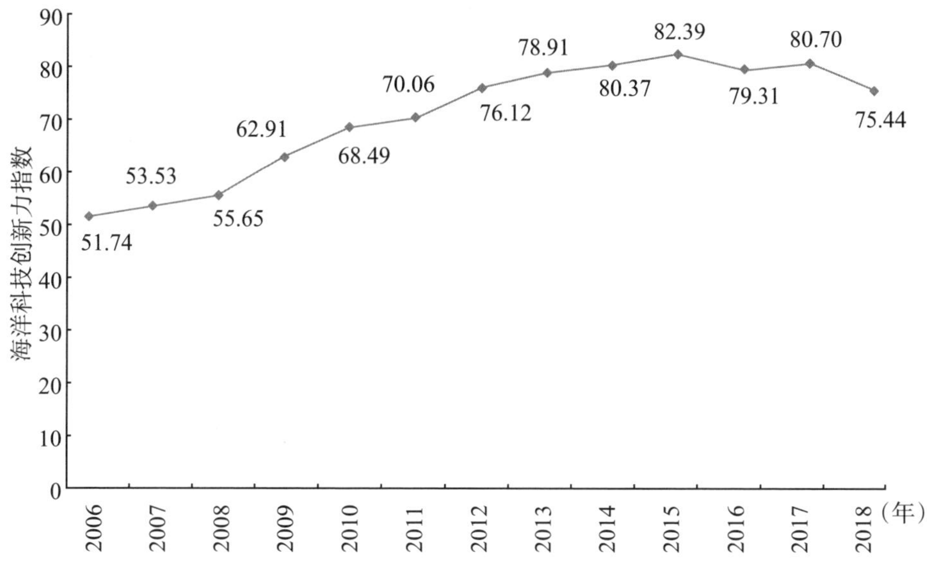

图4.5　浙江省海洋科技创新力指数变化趋势（2006—2018年）

从海洋科技创新力指数的3个二级指数来看，海洋创新产出指数和海洋科技基础建设指数在2015年前逐期增长，2016—2018年基本保持稳定；而海洋创新投入指数则在“十一五”初期（即2010—2013年）达到了80以上，其余年份均在60上下浮动。其中，2018年，海洋科技基础建设指数和海洋创新产出指数分别为74.66和90.95，与2006年相比，分别增加了24.66和40.95，增长了49.32%和81.90%。相关数据可见表4.10。

从2006—2018年数据来看，海洋创新投入指数在2009年前稳定在55左右，于2010年大幅提升，达到了86.22，较2009年增长了48.68%，而在2014年又下滑至57.23，2015—2018年均稳定在60左右，但比2009年及其以前仍有所上升。这主要是因为海洋科研机构经费收入指数，在2010—2013年较高。我们可以发现，近年来，浙江省海洋科技发展较快，基础建设稳步提升，科技创新投入有所增加。

海洋科技基础建设指数和海洋创新产出指数的趋势基本相似，增长至

2015年后开始稳定，年均增长率分别为4.47%和5.11%。结合上述情况，我们发现，浙江省海洋科技基础建设指数和海洋创新产出指数从2006开始，一直处于稳步上升状态，这表明浙江省科技创新基础扎实，但科技的竞争最终归结于人才的竞争，因此浙江省仍需加强对高素质人员的培养和引进，不断提升海洋科技竞争实力，努力提高海洋经济高质量发展水平，缩短与高质量发展目标要求的距离。海洋创新产出指数波动幅度较大，且与相应的海洋创新投入指数不匹配，这意味着浙江省海洋科技发展仍面临着投入与产出不成比例的问题，需要进一步加快科研成果的转化，为海洋经济的高质量发展增添动力。

表4.10　海洋科技创新力指数中各二级指数变化情况

年　份	海洋科技基础建设	海洋创新投入	海洋创新产出
2006	50.00	55.28	50.00
2007	52.15	54.98	53.31
2008	62.91	50.29	54.84
2009	69.98	57.99	61.89
2010	64.20	86.22	56.49
2011	65.06	84.38	61.50
2012	71.27	90.75	67.20
2013	71.27	89.94	75.14
2014	85.42	57.23	96.44
2015	92.50	62.90	91.59
2016	83.39	65.22	88.35
2017	83.39	59.88	96.53
2018	74.66	58.01	90.95

（四）海洋资源环境承载力指数

海洋资源环境承载力指数从2006年的83.14下降至2018年的69.30，减少了16.65%，整体呈轻微下跌的趋势。该指数一直处于波动变化状态，尤其在2011年变化较大，较2010年下跌了19.34，减少了24.55%。因此，无论是资源条件还是环境保护方面，都亟待提高。具体变化趋势可见图4.6和表4.11。

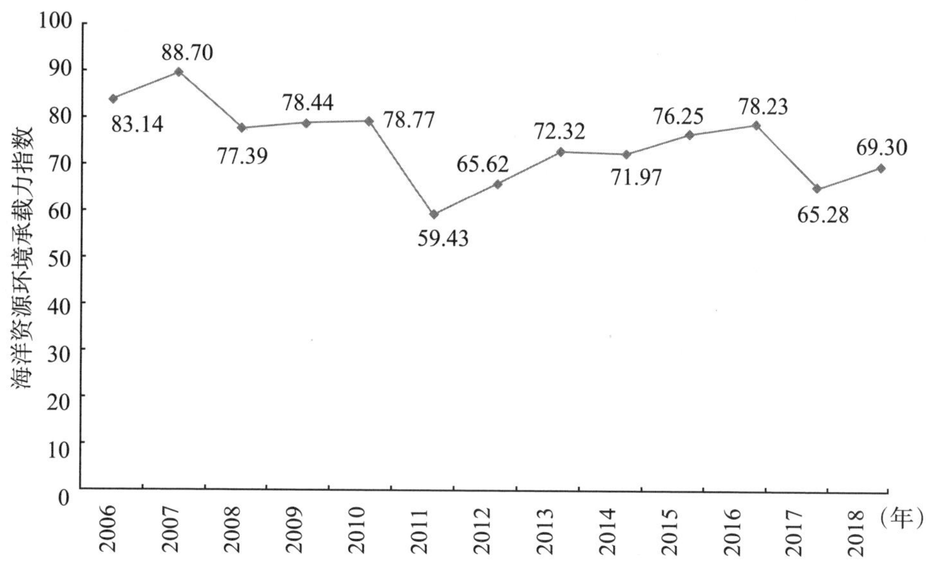

图4.6　浙江省海洋资源环境承载力指数变化趋势（2006—2018年）

从表4.11的数据来看，资源条件指数一直稳定在70左右，且未出现大幅波动；而环境保护指数总体呈下降趋势，由2006年的92.85下降到2018年的65.67，减少了29.27%，且波动幅度较大，尤其是2008年和2011年，分别较上年下降了19.85%和35.39%。这也是2011年浙江省海洋资源环境承载力指数出现大幅度下降的主要原因，其中2011年环境保护指数的下降直接导致浙江省海洋资源环境承载力指数低于60，说明在“十一五”向“十二五”过渡阶段，浙江省海洋环境与经济发展的匹配度并不高。

虽然环境保护指数总体呈下滑趋势，但从2011年的51.12上升到了2016年的79.53，增加了55.58%。这与“十二五”期间，浙江省坚持生态统领、深入实施海洋环境保护“十二五”规划、扎实推进近岸海域污染防治和蓝色屏障建设等行动、积极开展海洋生态文明建设工作、切实保护海洋环境、努力修复海洋生态等各项工作密不可分。但由于海洋资源环境生态问题尚未得到根本解决，“十三五”时期经济快速发展又带来新的污染增量，经济社会发展需求与海洋资源环境承载力的矛盾仍较为突出。在2017年，环境保护指数的下降导致海洋资源环境承载力指数出现小幅度的下降。海洋环境污染受外源性影响较大，又因为自身成因复杂，综合治理较为困难，实现海洋生态环境质量根本性、持续性改善仍将是一个长期的过程；另外，日益复杂的形势和日趋艰巨的任务也给“十三五”海洋生态环境保护工作带来了严峻挑战。

表4.11 海洋资源环境承载力指数中各二级指数变化情况

年 份	资源条件	环境保护
2006	69.42	92.85
2007	75.53	98.03
2008	75.72	78.57
2009	76.88	79.55
2010	78.27	79.12
2011	71.17	51.12
2012	77.50	57.21
2013	73.47	71.50
2014	72.18	71.83
2015	82.04	72.14
2016	76.39	79.53
2017	65.35	65.23
2018	74.42	65.67

（五）海洋综合管理力指数

海洋综合管理力指数从海洋经济总体统筹角度来衡量海洋经济高质量发展情况。浙江省海洋综合管理力指数具有明显的阶段性特征：“十一五”期间总体呈轻微上升趋势，由2006年的62.61小幅上升到了2010年的68.12，且为波动上升；“十二五”期间，海洋综合管理力指数上升幅度较大，由2010年的68.12上升到了2015年的82.59，增加了21.24%；而“十三五”期间，海洋综合管理力指数虽有波动但总体平稳，基本稳定在80附近。具体变化趋势见图4.7。

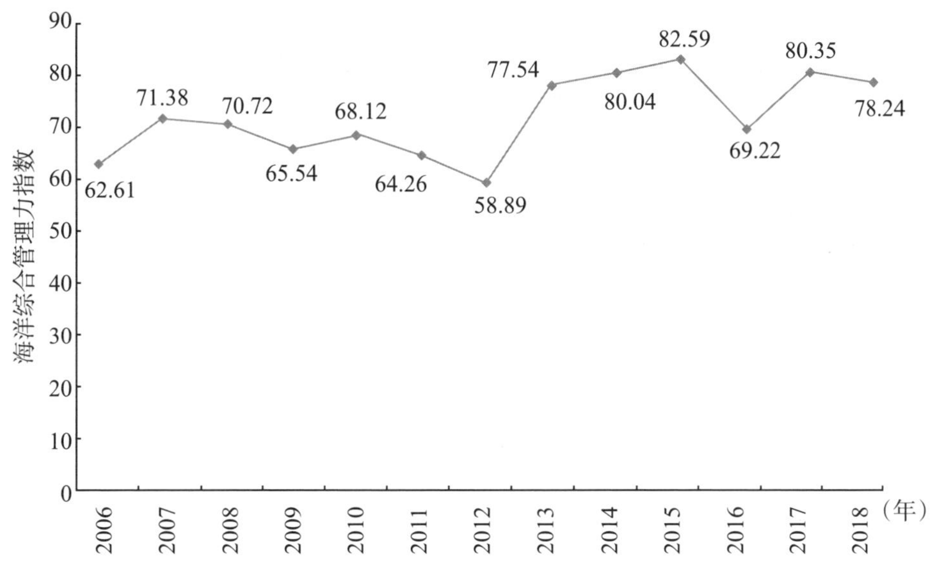

图4.7　浙江省海洋综合管理力指数变化趋势（2006—2018年）

从海域管理和生态管理2个方面来看，根据表4.12，两项指数的波动性较为明显，在部分年度上的变动较大，如2013年、2016年等。

表4.12　海洋综合管理力指数中各二级指数变化情况

年　份	海域管理	生态管理
2006	75.10	57.77
2007	63.05	74.61
2008	73.97	68.49
2009	69.67	63.95
2010	65.21	69.25
2011	65.50	63.78
2012	62.16	57.63
2013	97.91	69.65
2014	73.12	82.73
2015	72.37	86.55
2016	57.57	73.73
2017	73.84	82.87
2018	75.64	79.25

浙江省海域管理指数一直处于稳定上升阶段，这说明浙江省在海洋管理方面的机制较为完善。2013年，确权海域使用权证书指数较2012年增长了近一倍，直接导致了海洋综合管理力指数突增60%以上。随着海洋领域管理信息化的不断加深，海域动态监视监测工作也将全面补强，对海洋使用的管理力度也逐渐加大。

海洋综合管理力是海洋资源环境承载力的另一种表现形式。虽然在“十二五”期间已经取得阶段性成果，但是根据表4.12的测算结果，不难发现，浙江省海洋生态管理指数呈现较大的年度波动，这说明生态环境管理的任务依然很艰巨，海洋生态环境保护制度有待完善，重要生态区域划定及针对性保护、资源环境承载能力预警等生态环境保护制度仍滞后于监管的需求。同时也表明，浙江省应该进一步推进和完善陆海联动的海洋环境污染综合防治机制。

（六）海洋文化软实力指数

海洋文化软实力指数总体保持平稳，在部分年份存有较大的波动。“十一五”期间，海洋文化软实力指数呈波动上升趋势，但上升幅度较小。“十二五”期间，该指数较为稳定，维持在71左右。步入“十三五”后，海洋文化软实力指数的波动较大，2016年比2015年上升了13.02%，2017年同比下降了17.31%，到2018年又同比回升了20.25%，具体变化趋势见图4.8。

从基础建设和产出效益2个角度来看，海洋基础建设指数在2013年前呈线性增长趋势，年均增长率为1.58%，2013年后基础建设指数出现了较大的波动。显然，海洋基础建设指数的波动是海洋文化软实力指数在“十三五”期间波动的主要原因。相关数据可见表4.13。

而产出效益指数从“十二五”以来一直保持稳定增长的态势，2011—2018年的年均增长率为3.58%，这说明浙江省在海洋文化的宣传、涉海文化服务行业方面的工作取得了成效。在积极发扬海洋文化产业作用的同时，浙江省也应制定海洋文化方面的保护法规，增强全民对海洋文化的保护意识。

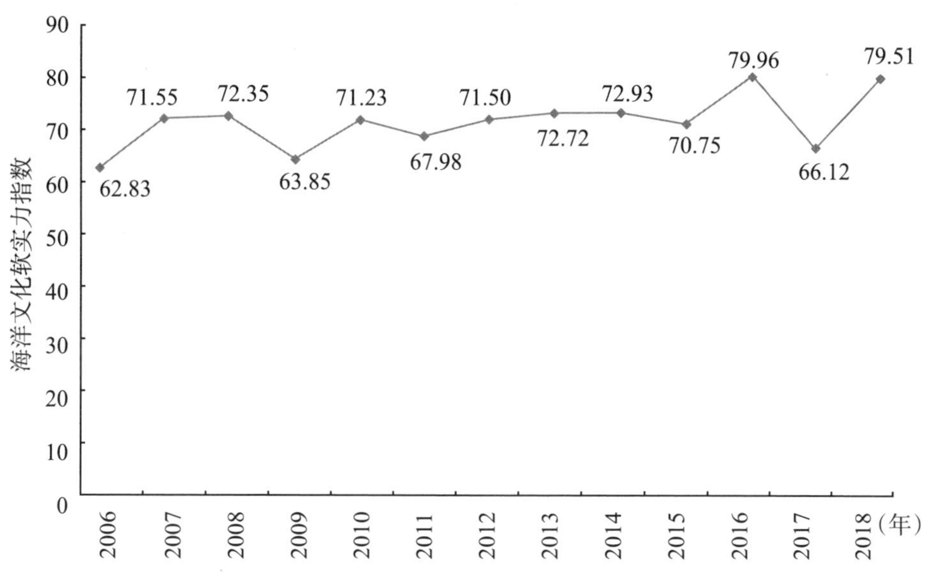

图4.8　浙江省海洋文化软实力指数变化趋势（2006—2018年）

表4.13　海洋文化软实力指数中各二级指数变化情况

年　份	基础建设	产出效益
2006	71.12	57.54
2007	72.70	70.81
2008	72.55	72.23
2009	74.74	56.90
2010	75.89	68.26
2011	76.28	62.68
2012	78.98	66.72
2013	78.95	68.74
2014	73.70	72.43
2015	62.17	76.23
2016	89.00	74.18
2017	51.30	75.59
2018	77.77	80.63

“十三五”以来，浙江省海洋文化软实力指数的波动加大，其主要原因在于基础建设方面存在不稳定因素。其中星级酒店数的每年变化情况对海洋文

化产业的影响较大。因此，浙江省在发展海洋文化的同时，也需要兼顾发展滨海旅游业、海洋服务业，从而间接带动海洋新兴经济的发展。

海洋文化作为海洋经济高质量发展的软实力，有助于海洋文化的保护与建设，更能促进浙江省海洋经济的高质量发展。

（七）海洋对外开放度指数

海洋对外开放度指数从2006年的62.23，提升至2018年的81.74，增长了31.35%。该指数总体呈上升趋势，但部分年度略回调（如2009年、2010年、2016年，分别同比下降了6.17、6.85和10.74）。自2011年国务院正式批复《浙江海洋经济发展示范区规划》以来，浙江省向海洋经济世纪迈进的大门已经打开，海洋对外开放度不断提升，相关情况可见图4.9。

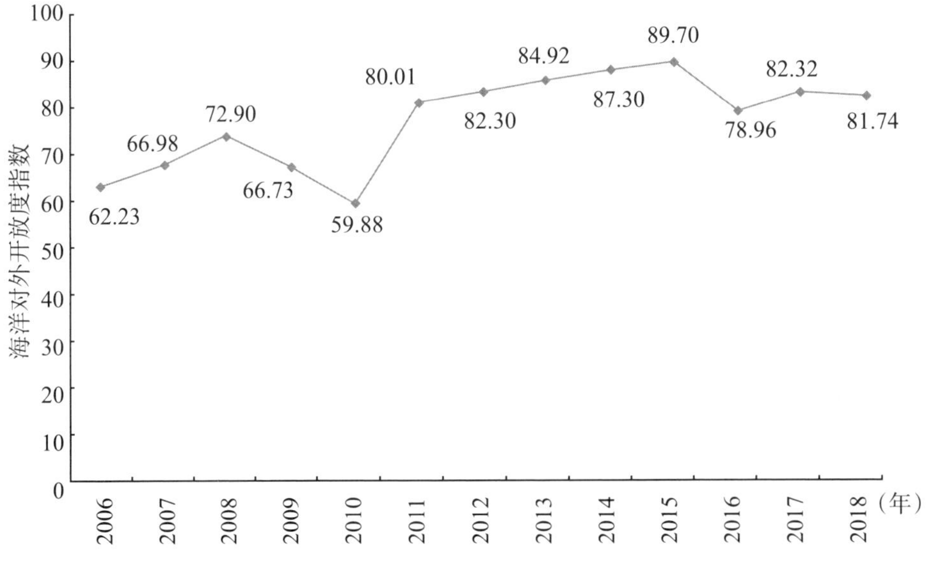

图4.9　浙江省海洋对外开放度指数变化趋势（2006—2018年）

从海洋对外开放度指数的2个二级指标来看，贸易领域指数和服务领域指数总体均呈上升趋势。其中，2018年贸易领域指数和服务领域指数分别为90.09和67.99，与2006年相比，分别提升了20.43和17.99，增长了29.33%和35.98%。相关情况可见表4.14。

表4.14 海洋对外开放度指数中各二级指数变化情况

年 份	贸易领域	服务领域
2006	69.66	50.00
2007	73.06	56.97
2008	80.90	59.73
2009	70.15	61.10
2010	54.35	68.99
2011	82.85	75.31
2012	82.54	81.90
2013	85.20	84.45
2014	87.39	87.16
2015	85.58	96.47
2016	81.51	74.76
2017	84.52	78.70
2018	90.09	67.99

从2006—2018年数据来看，贸易领域指数虽然在“十一五”期间呈现先增后降的趋势，但是自2011年浙江省提出《浙江海洋经济发展示范区规划》之后，贸易领域的发展一直保持稳定的增长趋势，2011—2018年的年均增长率为10.92%。影响贸易领域指数的三级指标中，外贸依存度指数在2014—2017年间呈下降的趋势，其值减少了8.26，下降了10.58%，这是贸易领域指数在步入“十三五”后有小幅下降的主要原因，表明浙江省目前对外贸进出口的依赖性正在逐年降低。

相较于贸易领域指数，服务领域指数在“十一五”“十二五”期间一直保持平稳增长的态势，但“十三五”期间有所下降。分析影响服务领域的指标后，发现沿海城市接待入境旅游人数并未减少，但是国际旅游的外汇收入降了一半左右。因此，浙江省应加大对滨海旅游业及海洋服务业的宣传力度，让更多国外游客了解浙江省的风土人情，为海洋经济高质量发展提供外部动力。

（八）社会经济发展支撑力指数

大力发展海洋经济，追求海洋经济的高质量发展，最终目的是促进社会的发展，同样社会也为海洋经济发展提供经济和基础设施的支持。2006—2018年，浙江省社会经济发展支撑力指数总体呈现稳步增长的趋势，2018年为97.70，比2006年提高了47.70，增长了95.40%；在2017年达到峰值98.17。具体情况如图4.10所示。

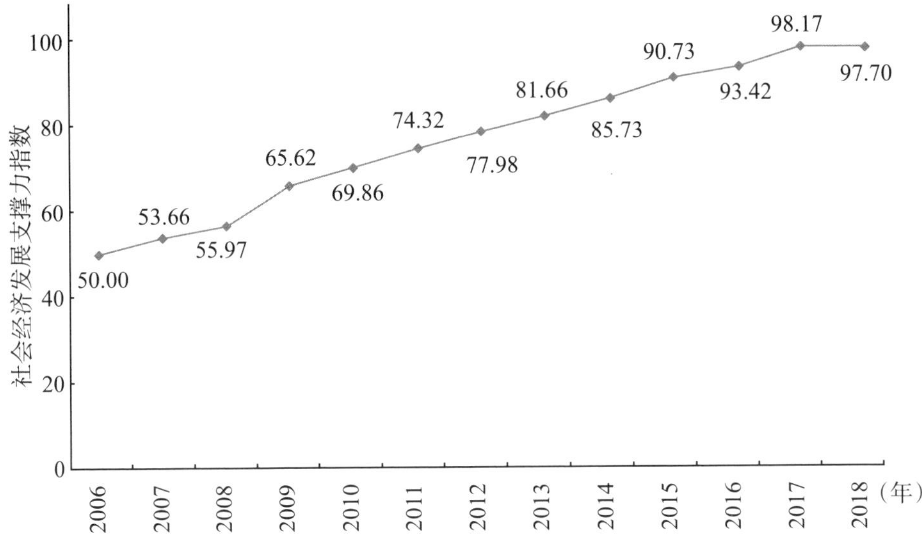

图4.10　社会经济发展支撑力指数变化趋势（2006—2018年）

无论是经济支撑角度的地区人均生产总值和地区人均一般公共预算收入，还是基础设施支撑角度的沿海万吨级以上港口码头泊位数、卫生机构数和全社会固定资产投资等指数，都处于平稳增长阶段。这说明，随着海洋经济开发的深入，全省海陆产业之间的关联性逐步增强，海洋产业的产业链向内陆延伸，形成了海陆复合产业链，增强了其对陆域经济的带动作用，同时陆域对海洋经济产业的支撑力也逐渐增强。具体数据详见表4.15。

表4.15　社会经济发展支撑力指数中各二级指数变化情况

年　份	经济支撑	基础设施支撑
2006	50.00	50.00
2007	54.02	53.39
2008	57.38	54.93
2009	59.48	70.19
2010	65.13	73.37

续 表

年 份	经济支撑	基础设施支撑
2011	71.07	76.73
2012	74.15	80.83
2013	77.85	84.49
2014	81.09	89.18
2015	86.69	93.72
2016	91.87	94.57
2017	100.00	96.80
2018	94.61	100.00

第五节 | 主要结论与建议

一、主要结论

根据本章的测算与分析，浙江省海洋经济高质量发展综合指数总体呈现上升趋势，整体能力逐步增强。主要结论如下：

第一，海洋经济发展实力指数总体呈现上升趋势。从分项指数来看，海洋经济发展水平指数在2006—2018年一直处于稳步提升阶段；而海洋经济发展效益指数呈现震荡上升的趋势，在2018年再次出现小幅下降。这些情况表明，浙江省海洋经济的效益在整体上得到提升，但发展的稳定性有待继续加强。

第二，浙江省的海洋产业结构优化度指数呈现波动变化，整体趋于优化。从分项指数来看，产业升级指数和结构优化指数均表现出波动上升的趋势，海洋经济三次产业结构渐趋合理。但在“十三五”期间的部分年度，海洋产业升级指数有所下降，这表明浙江省海洋产业结构的优化工作仍需要持续推进。

第三，海洋科技创新力指数显著提高。其中海洋科技基础建设指数和海洋创新产出指数均呈现稳步上升的趋势。这说明，浙江省通过引智和自主培育，使海洋科技的基础得到加强，海洋经济高质量发展的软支撑条件较好。

同时，测算结果表明，海洋创新产出与创新投入还不完全匹配，海洋科技仍面临创新产出不足的难题。

第四，海洋资源环境承载力指数的波动较大。该指数下的资源条件指数维持在相对稳定的水平，但环境保护指数总体呈现震荡式下跌趋势，说明浙江省在大力发展海洋经济的同时，也应该采取相应措施优化海洋环境，实现海洋经济与环境系统的协调发展。

第五，海洋综合管理力指数总体呈现阶段式波动增长趋势。海域管理指数不断提升，但生态管理指数的波动幅度较大。需要指出的是，海洋生态优化是实现海洋经济高质量发展的必要条件，因此浙江省应该进一步推进和完善陆海联动的海洋环境污染综合防治机制。

第六，海洋文化软实力指数总体变化较为平缓，但“十三五”期间的波动幅度较大。其中，产出效益指数从“十二五”以来一直保持稳定增长的态势，基础建设指数在“十一五”至“十二五”期间平缓增长，但“十三五”期间波动幅度较大。这一情况表明，浙江省在积极发展海洋文化产业的同时，也要制定好海洋文化的保护法规，增强全民对海洋文化的保护意识，推进海洋文化的快速发展。

第七，海洋对外开放度指数总体呈上升趋势。其中，贸易领域发展势头强劲，服务领域总体也呈现增长趋势。

第八，社会经济发展支撑力指数大幅提高。其中经济支撑指数和基础设施支撑指数也均呈现稳健增长的趋势，这表明推动海洋经济高质量发展的条件保障得到持续的增强，未来海洋经济发展的潜力有望得到显现。

二、若干建议

在推动海洋经济高质量发展的进程中，浙江省应更加注重发展过程中的绿色、环保，更加关注结构的优化与技术的创新，更加关注生产的效率问题。因此，本部分认为，推动浙江省海洋经济高质量发展应重点在以下4个方面进行制度设计。

（一）推动海洋资源的综合、集约、高效利用

通过制定涉及海洋资源利用的各产业的专项计划，引导海洋资源高效利

用、有序开发和环境保护。

第一，通过制订海洋生物开发研究专项计划，引导建立具有浙江海洋特色的医药研发、生产、加工体系和确定海洋生物资源的高效应用方向。

第二，引导海洋能资源的合理有序开发。利用浙江省潮汐能和风能资源优势、科技基础和技术经验，建立风电等海洋开发利用专项基金，加强风电设备研制，形成发达风电产业链。

第三，促进海水资源的合理利用。在工业冷却、海水淡化等领域进行规范，促进海水直接利用技术的推广示范；加强海水新技术利用研发，推动新产业形成。

（二）强化海洋经济高质量发展的技术创新能力培育

推动浙江省海洋科技创新能力的强化提升，特别是要提高知识的创新性在海洋科技创新过程中的比重。

第一，加强政策扶持力度，实施龙头培育。在政策制定、资源分配方面，优先向整体实力较强、研究方向特色明显、符合浙江省海洋经济发展趋势的海洋科研机构倾斜，以龙头带动全局发展。以多种方式引进国内外知名海洋科研机构、知名专家团队，开展多领域合作，促进海洋科技力量的壮大与培育。

第二，注重海洋科研成果高效转化利用。推动海洋科技力量进入市场，促进海洋科研成果向现实生产力转化，形成具有自主知识产权的技术和产品；引导科研机构与企业开展主要支撑技术和共性技术的合作开发，完善成果共享机制。

第三，完善海洋科技支撑体系建设，推动海洋产研融合。鼓励和支持企业主动面向科研机构，寻找知识和技术支撑，建立具有较强研究开发能力的企业海洋科研工程中心、海洋技术创新中心；不断建立和完善以企业为主体、以市场为导向、产出和研究紧密结合的合作型区域创新体系；通过海洋科技引导基金、科技金融计划等多种渠道，完善海洋科技研发的风险保障机制。

第四，强化激励约束机制，大力激发海洋科研人员的科研积极性。在科技经费使用、职称评定、专业技能提升等各方面进行改革，提高海洋科研人员的专业水平、跟踪国际前沿的能力，优化科研队伍职称结构。

第五，引导涉海企业加大技术提升、设备改造投入。通过财政补助、专项重点资助计划，引导企业资源的高效利用，促进生产工艺提升再造、生产方式集约转型，提高劳动人员素质与技能；以产业的生产效率提升带动海洋经济效率改善。

（三）深化调整海洋经济高质量发展的产业结构

海洋经济的高质量发展，离不开海洋经济结构的调整和优化。作为沿海大省，浙江省要充分利用海洋经济的空间和挖掘海洋经济的潜力，应以调整海洋第一、第二、第三产业结构，扩大发展海洋第二、第三产业为主。

一是提升海洋第一产业整体水平，主要以建设和修复渔场、保护生态环境为主。推动海洋渔业结构战略性调整，实现现代化海洋渔业的转变，提高远洋捕捞渔业效益，利用科技提高海水养殖产量与质量。

二是突出海洋第二产业发展的重点方向，实施分类引导，重点培育。对于海洋科技技术优势明显的产业、海洋经济未来发展潜力巨大的产业、浙江省特色海洋产业，应建立重点发展项目清单，实施有效的驱动政策；对于海洋经济中产业关联程度大的产业，应建立核心产业发展计划，推动转型升级，促进产业群集聚形成。

三是依托浙江省综合优势，推动海洋第三产业向特色、高端、有支撑、有整体的方向发展。例如，依托浙江省丰富的海岛资源、人文资源和自然资源，发展滨海旅游业，推动从滨海观光旅游向休闲度假游转化；依托港口资源的大力整合，通过港口、码头的专业化、集群化、规模化发展，推动临港工业、海洋运输业的升级再造；结合浙江省海洋经济发展的战略布局，推动海洋科技、教育等领域的快速成长，为海洋服务业提供强大的要素支撑。

（四）加大对生态环境的保护力度

海洋经济的高质量发展涉及海洋生态环境、资源、社会等各个方面，良好的生态环境和资源是保证海洋经济高质量发展的必要基础。加大对生态环境的保护力度，要着力做好以下几方面的工作。

第一，加强浙江省海洋环境保护立法，组织制定相关保护生态环境和资源的规章制度，做到有法可依；同时，也加大对违法行为的相应惩处力度。

第二，加强对近岸海域、海洋环境的监督管理，提高海洋监督管理现代化水平。加强对海洋环境污染的监督管理，严格控制主要污染物的排放量，对于过度捕捞现象也要进行严格的监督管理，从各个方面对海洋环境进行保护和修复。

第三，加强渔场资源保护。坚持和完善休渔制度，规范休渔管理措施，加强休渔期间的监督，防止渔民及企业的违法捕捞行为，促进渔业养殖、捕捞业的可持续发展。

第四，加强对围填海、各类用海项目的事中事后监督，强化人们的环境保护意识，通过完善制度、加强监督，促进生态海洋建设，推动海洋经济高质量发展。

第五章 浙江省海陆统筹发展效率评价

海洋和陆地作为地球表面的两大基本地貌单元，相互作用、相互影响，共同构成地球环境。随着世界人口的不断增长，资源与环境压力与日俱增，人们逐步将眼光投向具有巨大开发潜力的海洋。而科技创新、技术进步也使得海洋被涉足、利用的范围越来越广，海洋对人类的贡献也愈加明显。但是，海洋资源的开发离不开陆域经济的支撑，同时海洋经济以其特有的资源条件和区位优势又支撑着陆地经济的发展。统筹海陆关系，实现海陆良性互动并提高互动效率，对于浙江省海洋经济的持续发展至关重要。据此，本章重点测算浙江省海陆统筹发展的效率，以期发现海陆统筹发展过程中存在的问题，并提出相关的政策建议。

第一节｜海陆统筹发展的理念

海陆统筹是指在区域和经济社会发展过程中，需要综合考虑海、陆资源环境特点及海陆的经济功能、生态功能和社会功能，协调海、陆资源环境生态系统的承载力，社会经济系统的活力和潜力，充分发挥海陆互动作用，从而促进区域社会经济和谐、健康、快速地发展。

一、研究背景

海陆统筹是世界各沿海国家在区域经济发展中实施的重要战略。海陆统筹，要求人们从海陆互动的视角认识开发海洋的重要性，将海洋发展纳入整个国民经济计划系统，发挥海洋在整个经济和资源平衡中的作用，从而更好地发展海洋经济。

我国“十二五”规划纲要提出“发展海洋经济，坚持海陆统筹发展”[①]，明确将海陆统筹纳入国家战略的范畴。“海陆统筹”逐渐成为海陆经济协调持续发展的重要指导方针。在党的十八大正式提出“建设海洋强国”战略的大背景下，沿海地区将海洋开发管理等重大发展规划上升为国家海洋发展战略

① 2012年9月16日，国务院印发《全国海洋经济发展“十二五”规划》，详见 http://www.gov.cn/zwgk/2013-01/17/content_2314162.htm。

规划，多个沿海地区提出了相关战略。例如，山东省提出建设“蓝色经济”[①]；浙江省提出了海洋经济发展示范区和舟山群岛新区发展战略，并积极构建“一核两翼三圈九区多岛”的海洋经济发展总体格局[②]；福建省于“十五”期间就提出“海上福建”的战略目标，后又发布了《福建省十二五海洋经济发展规划》[③]。因此，加强对海陆统筹发展战略的系统研究，监测海陆统筹发展的进程、效率、难点和关键点等显得尤为重要。

浙江省是经济大省，但又是资源小省。资源瓶颈在一定程度上制约了浙江省产业结构调整步伐，给经济转型升级带来了较大的困难。随着海洋资源开发和利用的深化推进，如何实现海、陆两方资源、技术和产业的联动发展，以陆域经济的发展推动海洋经济规模壮大，以海洋经济的发展反哺陆域经济的提质增效和转型升级，是浙江省区域经济发展中需要重点考虑的问题。

然而，目前关于海陆统筹发展问题的研究，偏重战略层面的讨论，在统计监测、实证分析方面的研究较少。这一局面也影响了相关决策部门对海陆统筹发展水平、效率等的判断。鉴于此，笔者开展对浙江省海陆统筹发展情况的分析，通过对海陆统筹发展相关概念、观点和理论的梳理，提出海陆统筹发展效率的评估模型，利用相关数据对浙江省海陆统筹发展效率进行测算，并与山东、福建两省进行横向对比，总结浙江省海陆统筹发展的经验与不足，最后根据分析结论提出若干政策建议。这对于完善相关沿海地区的海陆统筹发展决策支持体系具有较好的实际应用价值。

二、文献综述

（一）海陆统筹的概念

明确的海陆统筹概念，由海洋经济学家张海峰于2004年在“郑和下西洋600周年”主题会议的报告中首次提出。随后海陆统筹概念逐步为社会各界所认同。张登义等（2005）在全国政协十届三次会议提案中提出，应该将“海

---

① 2011年1月6日，国务院正式批复《山东半岛蓝色经济区发展规划》，详见http://www.gov.cn/jrzg/2011-01/07/content_1779792.htm。

② 2011年3月1日，国务院正式批复《浙江海洋经济发展示范区规划》，详见http://www.gov.cn/jrzg/2011-03/01/content_1814117.htm。

③ 可参阅人民网的报道，详见http://fj.people.com.cn/GB/339045/341407/375128/index.html。

陆统筹”列入“十一五国民经济发展规划”之中。高之国（2006）在《十一五规划中应增加“海陆统筹”内容》一文中指出，“海陆统筹是科学发展观的内在要求，统筹发展除了要处理好现在的‘五个统筹’，还需要将海陆统筹包含进来”。

《中华人民共和国国民经济和社会发展第十二个五年规划纲要（草案）》中明确提出，“坚持海陆统筹，制定和实施海洋发展战略，提高海洋开发、控制、综合管理能力”，并通过全国人大审查批准，至此海陆统筹发展首次纳入国家战略。2013年，李克强总理在十二届全国人大二次会议上做政府工作报告时明确指出，“海洋开发便是要坚持海陆统筹发展”。

2013年9月和10月，中华人民共和国主席习近平在出访中亚和东南亚国家期间，先后提出共建“丝绸之路经济带”和“21世纪海上丝绸之路”的重大倡议，得到国际社会的高度关注。在2015年博鳌亚洲论坛开幕式上，习近平发表主旨演讲，表示“一带一路”建设不是要替代现有地区的合作机制和倡议，而是要在已有基础上，推动沿线各国实现经济战略相互对接、优势互补，由此将海陆统筹发展提升到了国际战略新高度。

（二）国内外研究现状

国外对海洋、岛屿和陆地这一大区域的研究主要集中在海岸带综合管理（The Integrated Coastal Zone Management）、海洋经济对内陆区域经济的影响及海岛经济等层面。关于海岸带综合管理，Cicin-Sain（1993）认为，其是对海岸带生态系统的一个动态管理过程，目的在于合理利用海岸带资源。随着海岸带综合管理的实践，国外学者们对海岸带方面的研究焦点由传统的资源开发利用和自然环境保护，转移到对某个国家或地区在海岸带综合治理方面具体情况的微观分析，并且主要集中在政策制定和制度设计方面。

国内关于海陆统筹问题的研究，前期主要集中在宏观战略的解读方面。其中，张海峰（1998）提出“照顾好海洋与陆地的关联，统筹兼顾，使二者融为一体”。由此“海陆统筹”的概念受到学术界的关注，专家学者从不同角度、不同侧面对海陆统筹战略进行了分析与诠释。李义虎（2007）从战略的角度重新审视我国海洋和陆地二分的现实及海陆统筹发展的必然性。叶向东（2007）提出海陆统筹的概念，认为海陆统筹要在海洋和陆地各自的社会、经济、生态功能上考虑其特点和承受能力，以此为基础协调陆域和海域经济社会和生态发展，促进陆海区域健康有序发展。刘明（2009）从多角度论证，在制定和执行我国海洋经济政策方针时，必须坚持海陆统筹这一重要原则。王芳（2009）认为，发展海洋事业必须统筹兼顾陆地空间和资源不足等问题。根据沿海区域社会经济状况，“海陆统筹”这一思想和原则在国家层面潜力巨大。

在相关概念、发展战略的解读上，部分研究讨论了协调发展背景下的海陆统筹发展问题。例如，朱坚真等（2010）在探索海陆协调和区域产业转移推进的基础上，从海陆协调的角度分析区域产业转移与区域协调发展。吴殿廷（2011）以区域综合性、系统性及空间规模尺度转换为出发点，对海陆统筹战略进行研究。鲍捷等（2011）认为，海陆统筹的关键在于海域和陆域之间复杂系统的协调，包括陆域和海域生态、经济、社会和文化等各个子系统的统筹运作和综合协调。孙吉亭等（2011）在探讨海陆两大系统在功能上定位和两大系统的平衡关系的基础上，确定如何实现海陆区域经济效益最优。李军等（2012）通过海陆资源协调开发的国内比较研究，提出海陆资源协调开发构想。

随着研究的深入，部分学者在微观区域层面也提出了海陆统筹发展具体路径、产业发展等设想。其中，王学端（2011）以海陆统筹为思路，结合山东青岛各中心渔港建设和青岛陆海开发实际情况，提出青岛渔人码头建设的设想。李文荣等（2011）以河北省东部地区陆海经济互动发展的不利因素和有利因素分析为依据对陆海经济互动发展路径展开研究。曹可（2012）从海陆统筹理念的发展演化的角度分析海陆一体化、海陆互动与海陆统筹在概念上和内容上的区别，对新时期海陆统筹的应有之义进行研究。钱诗曼（2012）具体选择了江苏省连云港市海陆统筹中的陆海资源、海陆基础设施、陆海产业及生态发展实际情况进行分析，使海陆统筹研究由宏观理念、大区域范围进入具体城市阶段。潘新春等（2012）对海陆统筹创新思维进行了解读。张德平（2012）结合山东胶州实际情况，提出胶州建设打造蓝色枢纽服务山东半岛蓝色经济区，使胶州成为区域发展的海陆统筹节点。陶加强等（2013）分析了江苏省沿海海陆统筹的必要性，设计出江苏省沿海海陆统筹的机制，评价江苏省沿海地区海陆统筹情况。杨凤华（2013）从循环经济对海洋资源开发、利用和保护的角度，探讨海陆统筹战略下海洋经济可持续发展的路径。

根据现有的文献分析，目前国内外学者对于海陆统筹发展的研究主要从宏观和微观两个层面，分析当前海陆统筹发展的战略背景、产业发展等问题，而对于海陆经济运行效率的测算分析较为少见。因此，为了弥补这一缺陷，本章主要研究浙江省海陆经济统筹发展情况，并测算出浙江省海陆经济运行效率。

第二节｜浙江省海陆经济发展的联动性分析

在相关概念的基础上，本节将通过相关性分析、集聚度分析、因果性分析等方法进一步对海陆经济发展的联动性分析进行测算；还将浙江省海陆经济发展情况与山东、福建等省份进行横纵向对比，以分析浙江省海陆经济发展状况，以及其在全国所处的地位。

一、相关性分析

近年来，浙江省地区生产总值和海洋生产总值不断提高，海洋生产总值占地区生产总值的比重也逐渐变大，且两者间的变动趋势十分相似，这说明了海洋经济和陆域经济之间可能存在较强的相关关系。本部分采用Python软件，研究浙江省海洋经济与陆域经济之间的统计关系。

本部分共选取了10个指标作为相关性分析的参考变量，其中反映海洋经济、陆域经济的指标各有5个。按指标统计范围，可将这10个指标分为总量指标和细分指标。

总量指标分别为海洋生产总值、涉海就业人员、陆域生产总值、陆域从业人员，这些描述了经济总量和就业的基本情况。

细分指标则包括海洋经济三次产业和陆域经济三次产业。由《国民经济行业分类》（GB/T 4754—2002）和《海洋经济统计分类与代码》（HY/T 052—1999）可知，海洋三次产业的界定标准如下：海洋第一产业包括海洋渔业；海洋第二产业包括海洋油气业、海滨砂矿业、海洋盐业、海洋化工业、海洋生物医药业、海洋电力和海水利用业、海洋船舶工业、海洋工程建筑业等；海洋第三产业包括海洋交通运输业，滨海旅游业，海洋科学研究、教育、社会服务业等。根据《国民经济行业分类》（GB/T 4754—2011），国民经济三次产业细分如下：第一产业指农、林、牧、渔业；第二产业指采矿业，制造业，电力、热力、燃气及水生产和供应业，建筑业；第三产业即服务业。由于海洋经济三次产业和国民经济三次产业较为相近，可能存在一定的相关性，本部分将海洋经济三次产业和国民经济三次产业进行对比分析。

相关数据均来源于《浙江省统计年鉴》（2007—2018）、《2017年浙江省国民经济和社会发展统计公报》。具体指标可见表5.1。

表5.1　相关性分析指标

指标类型	指标名称	计算口径
海洋经济总量指标	海洋生产总值	海洋经济增加值
	涉海就业人员	涉海就业人员
海洋经济细分指标	海洋第一产业	海洋第一产业增加值
	海洋第二产业	海洋第二产业增加值
	海洋第三产业	海洋第三产业增加值
陆域经济总量指标	陆域生产总值	浙江省经济增加值－浙江省海洋经济增加值
	陆域从业人员	浙江省全社会从业人员－浙江省涉海就业人员
陆域经济细分指标	陆域第一产业	浙江省第一产业增加值－海洋第一产业增加值
	陆域第二产业	浙江省第二产业增加值－海洋第二产业增加值
	陆域第三产业	浙江省第三产业增加值－海洋第三产业增加值

根据测算结果，海洋经济系统与陆域经济系统之间的相关性非常高。其中，海洋生产总值与陆域生产总值之间的相关系数高达0.998，与陆域三次产业增加值的相关系数分别为0.969、0.995、0.992，而海洋三次产业与陆域三次产业的相关系数均在0.95以上，这说明了海洋经济与陆域经济之间有着紧密的关系。陆域经济的很多生产活动可以从海洋产业活动中找到相对应部分，海洋产业可以认为是陆域产业在海洋空间的延伸，海洋经济发展与陆域

经济发展是不可分割的。相关性分析的结果见表5.2。

表5.2　各指标间的相关系数

指　标	地区生产总值(陆域)	全社会从业人员	陆域第一产业	陆域第二产业	陆域第三产业
海洋生产总值	0.998	0.853	0.969	0.995	0.992
涉海就业人员	0.966	0.948	0.973	0.983	0.944
海洋第一产业	0.993	0.821	0.964	0.988	0.988
海洋第二产业	0.982	0.876	0.989	0.991	0.966
海洋第三产业	0.999	0.834	0.948	0.989	0.998

二、海洋经济的集聚度分析

相关分析的结果表明，浙江省海洋经济和陆域经济之间存在着较高的统计相关性。为了进一步分析海洋经济在整个地区经济中的集中优势程度，以及专业化分工水平，我们利用区位熵系数开展了集聚度分析。

区位熵系数是某一产业占有的份额与整个经济中该产业占有的份额的比值，其不仅可以用来衡量某一区域要素的空间分布情况，也可以反映某一产业部门的专业化程度。计算公式如下：

$$Q_{ij}=\frac{e_{ij}/e_i}{E_j/E} \tag{5.1}$$

其中，Q_{ij}表示i地区j产业的区位熵系数，e_{ij}表示j产业在i地区的就业人数或产值，e_i表示i地区所有产业的就业人数或产值，E_j表示国家j产业的总就业人数或产值，E表示全国的总就业人数或总产值。Q_{ij}的取值范围为$Q_{ij}>0$。

一般来说，如果某一地区的某一产业的区位熵系数$Q_{ij}>2$，则表明该产业在这一地区具有明显的比较优势；如果区位熵系数$Q_{ij}>1$，则表明某产业在该区域的集聚水平较高，在该区域形成了优势产业，系数越大，该产业在这一地区的集聚程度越高；如果区位熵系数$Q_{ij}<1$，则表明某产业在该区域内的集聚水平比较低，处于产业竞争中的劣势地位。

本小节主要从经济规模和就业2个方面出发，基于海洋生产总值、地区生产总值、涉海就业人员等指标，开展浙江省海洋经济区位熵、海洋就业区位熵的测算，计算公式为：

$$浙江省海洋经济区位熵=\frac{浙江省海洋生产总值/地区生产总值}{全国海洋生产总值/全国GDP} \quad (5.2)$$

$$浙江省海洋就业区位熵=\frac{浙江省涉海就业人员数/全省就业人员数}{全国涉海就业人员数/全国从业人数} \quad (5.3)$$

相关数据来源于《中国海洋统计年鉴》(2007—2017)、《浙江省统计年鉴》(2006—2017)、《2017年浙江省国民经济和社会发展统计公报》;由于写作时,《中国海洋统计年鉴》(2018)尚未公布,故2017年部分数据为估算所得。测算结果可见表5.3。

表5.3　区位熵测算结果

年　份	海洋经济区位熵	海洋就业区位熵
2006	1.31	2.87
2007	1.32	2.69
2008	1.34	2.64
2009	1.42	2.57
2010	1.42	2.55
2011	1.48	2.53
2012	1.54	2.53
2013	1.56	2.52
2014	1.52	2.55
2015	1.52	2.52
2016	1.52	2.51
2017	1.49	2.47

由测算结果可知,2006—2017年,浙江省海洋经济区位熵值均大于1,其中2012—2016年区位熵值均超过了1.5,说明浙江省海洋经济在全国范围内形成了一定的产业优势,并且这个产业优势正在慢慢扩大。

而海洋就业区位熵则呈现出逐渐减小的趋势。在2006年,这一值最高,为2.87;之后开始回落,2010年仅为2.55。在2010年以后,海洋就业区位熵值基本保持稳定,2017年为2.47。这说明海洋就业在全国范围内具有非常明显的行业优势,而且这一优势保持相对稳定。

三、因果性分析

从上述分析可知，浙江省海洋经济与陆域经济系统之间存在较强的关联性，且不同产业之间的关联程度不同。但到底是海洋经济的发展促进了陆域经济的发展，还是陆域经济的发展促进了海洋经济的发展？这需要做进一步的分析。

（一）格兰杰因果关系分析模型和方法

格兰杰因果关系检验主要用于确定变量之间的因果关系，明确一个变量的变化是否由另一个变量的变化所引起。为了防止序列出现虚假回归的问题，格兰杰因果关系检验要求所检验时间序列必须平稳。检验步骤如下：

1. 时间序列的平稳性检验

检验序列是否平稳，只要检验方程是否具有单位根即可，即单位根检验。存在单位根的时间序列就是非平稳时间序列，回归时容易产生“伪回归”现象。目前，单位根检验最常用的方法是*ADF*（Augmented Dickey-Fuller Test）检验，如果方程*ADF*值小于MacKinnon临界值，则序列平稳，反之则不平稳。

2. 序列协整检验

将因变量Y_t关于自变量X_t进行回归，该方程无约束。目前，协整检验的广泛方法是最小二乘估计法，即OLS法。具体操作如下：先将因变量和自变量进行回归，保留该方程的残差，若残差序列平稳，则X_t和Y_t是协整的，否则就不是协整的。在协整检验中，如果序列是协整的，则说明两变量之间存在一个因果关系；如果序列非协整，则任何的推断都是没意义的。

3. 格兰杰因果检验

由于平稳性检验中序列存在滞后变量，为了降低结果的误差，格兰杰因果检验归纳为以下两个方程：

$$Y_t = \sum_{i=1}^{m}\alpha_i X_{t-1} - \sum_{i=1}^{m}\beta_i Y_{t-1} + \mu_{1t} \tag{5.4}$$

$$X_t = \sum_{i=1}^{m}\gamma_i Y_{t-1} - \sum_{i=1}^{m}\delta_i X_{t-1} + \mu_{2t} \tag{5.5}$$

方程原假设为：

$$H_{01}: \alpha_1=\alpha_2=\cdots=\alpha_m=0$$

$$H_{02}: \gamma_1=\gamma_2=\cdots=\gamma_m=0$$

若接受原假设H_{01}，则说明X_t不是Y_t的格兰杰原因；若接受H_{02}，则说明Y_t不是X_t的格兰杰原因。要得到上述检验，常用的检验方法为F检验。如果检验结果显示F统计量大于给定的临界值，则拒绝原假设，说明X_t是Y_t的格兰杰原因；否则接受原假设。

（二）格兰杰因果关系的分析结果

1. 平稳性检验

为了减小数据的变异程度，将研究变量都进行取对数处理，之后运用Eviews7.0对时间序列LogY_1、LogY_2、LogX_1、LogX_2进行平稳性检验。其中，Y_1为陆域生产总值（浙江省地区生产总值－浙江省海洋生产总值）；Y_2为陆域从业人员（浙江省全社会从业人员－涉海就业人员）；X_1为海洋生产总值；X_2为涉海就业人员。在检验过程中选取显著性水平为10%。单位根检验结果见表5.4。

表5.4　单位根检验结果

变　量	*ADF*值	临界值			结　论
		1%	5%	10%	
LogY_1	−6.36	−5.84	−4.25	−3.59	平稳
LogY_2	−9.19	−4.20	−3.18	−2.73	平稳
LogX_1	−6.55	−4.58	−3.32	−2.80	平稳
LogX_2	−3.21	−4.58	−3.32	−2.80	平稳

表5.4的结果显示，LogY_1、LogY_2、LogX_1、LogX_2的单位根检验的*ADF*值都小于所对应的临界值，满足同阶单整的前提，故此处只需要对取对数后的数据进行格兰杰因果检验，以此验证变量之间是否满足某种因果关系。

2. 格兰杰因果关系检验

对LogY_1、LogY_2、LogX_1、LogX_2这4个变量进行格兰杰因果关系检验，检验结果如表5.5所示。

表5.5　格兰杰因果检验结果统计

原假设	P值	结　论
$\text{Log}Y_2$不是$\text{Log}Y_1$的格兰杰原因	0.05	拒绝原假设
$\text{Log}X_1$不是$\text{Log}Y_1$的格兰杰原因	0.26	不拒绝原假设
$\text{Log}X_2$不是$\text{Log}Y_1$的格兰杰原因	0.35	不拒绝原假设
$\text{Log}Y_1$不是$\text{Log}Y_2$的格兰杰原因	0.00	拒绝原假设
$\text{Log}X_1$不是$\text{Log}Y_2$的格兰杰原因	0.00	拒绝原假设
$\text{Log}X_2$不是$\text{Log}Y_2$的格兰杰原因	0.00	拒绝原假设
$\text{Log}Y_1$不是$\text{Log}X_1$的格兰杰原因	0.00	拒绝原假设
$\text{Log}Y_2$不是$\text{Log}X_1$的格兰杰原因	0.00	拒绝原假设
$\text{Log}X_2$不是$\text{Log}X_1$的格兰杰原因	0.00	拒绝原假设
$\text{Log}Y_1$不是$\text{Log}X_2$的格兰杰原因	0.93	不拒绝原假设
$\text{Log}Y_2$不是$\text{Log}X_2$的格兰杰原因	0.56	不拒绝原假设
$\text{Log}X_1$不是$\text{Log}X_2$的格兰杰原因	0.88	不拒绝原假设

由结果可知，$\text{Log}X_1$、$\text{Log}X_2$是$\text{Log}Y_2$的格兰杰原因，$\text{Log}Y_1$、$\text{Log}Y_2$是$\text{Log}X_1$的格兰杰原因。这表明，从格兰杰因果关系检验来看，海洋系统和陆域系统之间存在较为明显的相互影响关系，陆域从业人员会受到海洋生产总值与涉海就业人员滞后因素的影响，而海洋生产总值同样也会受到陆域经济发展与陆域从业人员滞后期的影响，从而也证实了海洋经济和陆域经济之间的联系非常紧密，二者是一个不可分割的整体。

四、浙江省海陆经济与其他省份的对比分析

为了开展横向对比，我们选取了山东、福建这2个省份作为比较对象。其理由为：山东省是经济大省，无论是海洋经济还是陆域经济，在全国都处于领先地位；而福建省与浙江省同为东南地区沿海省份，无论是地理条件，还是资源禀赋，福建省都与浙江省比较接近，具有较强的参考价值。

（一）经济规模的比较

根据《中国海洋统计年鉴》，从海洋经济规模来看，在比较的3个省份中，山东省最大，福建省最小。2016年，山东省海洋生产总值达到了13 280.4亿

元，占山东省生产总值的比重为19.5%；2006—2016年，海洋生产总值年均增速达到13.7%，高于同期山东省生产总值的年均增速（11.9%）。

福建省2016年海洋生产总值达到7999.7亿元，占地区生产总值的比重为27.8%。在3个对比的省份中，福建省的该项比重最高。2006—2016年，福建省海洋生产总值年均增速为16.5%，高于同期福建省生产总值的年均增速（14.3%）。

在3个对比省份中，浙江省海洋生产总值最低；从海洋生产总值占地区生产总值的比重来看，浙江省也是最低的，2016年的比重为14.0%。从年均增速来看，无论是海洋生产总值，还是地区生产总值，浙江省的年均增速均为最低，分别为13.5%、11.6%。相关年度的数据情况可见表5.6。

表5.6　浙江省海陆经济与其他省份的比较

年　份	浙江省			福建省			山东省		
	海洋生产总值（亿元）	地区生产总值（亿元）	占比（%）	海洋生产总值（亿元）	地区生产总值（亿元）	占比（%）	海洋生产总值（亿元）	地区生产总值（亿元）	占比（%）
2006	1856.5	15 742.5	11.8	1743.1	7614.6	22.9	3679.3	22 077.4	16.7
2007	2244.4	18 780.4	12.0	2290.3	9249.1	24.8	4477.8	25 965.9	17.2
2008	2677.0	21 486.9	12.5	2688.2	10 823.1	24.8	5346.3	31 072.1	17.2
2009	3392.6	22 990.4	14.8	3202.9	12 236.5	26.2	5820.0	33 896.7	17.2
2010	3883.5	27 722.3	14.0	3682.9	14 737.1	25.0	7074.5	39 169.9	18.1
2011	4536.8	32 318.9	14.0	4284.0	17 560.2	24.4	8029.0	45 361.9	17.7
2012	4947.5	34 665.3	14.3	4482.8	19 701.8	22.8	8972.1	50 013.2	17.9
2013	5257.9	37 568.5	14.0	5028.0	21 759.6	23.1	9696.2	54 684.3	17.7
2014	5437.7	40 173.0	13.5	5980.2	24 055.8	24.9	11 288.0	59 426.6	19.0
2015	6016.6	42 886.5	14.0	7075.6	25 979.8	27.2	12 422.3	63 002.3	19.7
2016	6597.8	47 251.4	14.0	7999.7	28 810.6	27.8	13 280.4	68 024.5	19.5

（二）海陆经济相关性的比较

3个省份的海陆经济的相关性均较强。在海陆就业方面，涉海就业人员数与全社会从业人员数之间的相关系数均达到了0.95以上，具有高度相关性；其中该项指标最低为0.950（浙江省）。在海陆经济规模方面，海洋生产总值与地区生产总值之间的相关性均接近于完全相关（系数值几乎等于1）。

从其余交叉指标的相关性来看，无论是浙江省，还是山东省或福建省，海洋经济、陆域经济、海洋就业、全社会就业之间的相关性都是比较高的，这就意味着海洋经济的发展与陆域经济的发展关系密切，不可分割，因此，不能简单地把海洋经济的发展独立开来，而是要将其与陆域经济的发展相契合，实现统筹发展。相关系数的计算结果见表5.7。

表5.7　浙江、山东、福建3省海陆经济相关系数

地　区	指　标	涉海就业人员	陆域从业人员	海洋生产总值	地区生产总值
浙江省	涉海就业人员	1.000	0.950	0.977	0.977
	陆域从业人员		1.000	0.885	0.847
	海洋生产总值			1.000	0.992
	陆域生产总值				1.000
福建省	涉海就业人员	1.000	0.960	0.964	0.942
	陆域从业人员		1.000	0.991	0.991
	海洋生产总值			1.000	0.973
	陆域生产总值				1.000
山东省	涉海就业人员	1.000	0.986	0.956	0.973
	陆域从业人员		1.000	0.933	0.960
	海洋生产总值			1.000	0.994
	陆域生产总值				1.000

注：1. 本部分采用的数据来自《中国海洋统计年鉴》(2007—2017)、《浙江统计年鉴》(2007—2017)、《福建统计年鉴》(2007—2017)、《山东统计年鉴》(2007—2017)。

2. 指标体系的口径与表5.1相同。

（三）海洋经济集中度的比较

从就业区位熵值来看，3个省份的数值都大于1，说明海洋经济具备产业集中的专业化优势。其中，在海洋经济就业方面，福建省的海洋就业区位熵值最大，浙江省次之，山东省最低；2016年的值分别为3.42、2.51和1.77。从该项各年度数值来看，3个省份均呈现下降趋势。

从海洋经济区位熵值来看，福建省依旧位居第1，山东省第2，浙江省最低；2016年的值分别为2.96、2.08和1.52。从该项各年度数值来看，浙江省、山东省表现较为稳定，而福建省的波动较大。

综合两方面的因素来看，由于福建省是海洋经济新兴省份，海洋经济发展的势头较强，海洋就业区位熵和海洋经济区位熵的值较高；而山东、浙江两省的海洋经济发展起步较早，且已经进入了相对较为稳定的发展阶段，随着海洋经济产业结构转型的深入，两省海洋经济在全国的产业优势将会继续得以巩固。

结合以上3个层面的分析可知，浙江省海洋经济和陆域经济的发展与山东省相比，经济规模还有待提高；与福建省相比，则问题稍显突出。同时，我们也发现，浙江省海洋生产总值占地区生产总值的比重逐年提高，说明了浙江省海洋经济在促进全省经济发展中的作用越来越大。相关测算结果可见表5.8。

表5.8 对比省份的区位熵值

年　份	海洋就业区位熵			海洋经济区位熵		
	浙江省	福建省	山东省	浙江省	福建省	山东省
2006	2.87	4.74	1.91	1.31	2.37	1.72
2007	2.69	4.61	1.88	1.32	2.61	1.82
2008	2.64	4.48	1.85	1.34	2.67	1.85
2009	2.57	4.31	1.83	1.42	2.84	1.86
2010	2.55	4.18	1.80	1.42	2.61	1.88
2011	2.53	3.83	1.79	1.48	2.62	1.90
2012	2.53	3.68	1.78	1.54	2.45	1.93
2013	2.52	3.71	1.78	1.56	2.51	1.93
2014	2.55	3.59	1.77	1.52	2.64	2.02
2015	2.52	3.45	1.77	1.52	2.86	2.07
2016	2.51	3.42	1.77	1.52	2.96	2.08

注：本部分采用的数据来自《中国海洋统计年鉴》(2007—2017)、《浙江统计年鉴》(2007—2017)、《福建统计年鉴》(2007—2017)、《山东统计年鉴》(2007—2017)、《中国统计年鉴》(2007—2017)。

第三节｜浙江省海陆统筹发展效率分析

由上文可知，浙江省海陆经济发展联动性较高，即海洋经济发展与陆域经济发展呈较高的相关性，以及一定的因果关系。为进一步探究浙江省海陆统筹发展的效率，我们采用数据包络分析（Data Envelopment Analysis，DEA）等方法测算浙江省海陆统筹发展的效率。

一、评价模型与方法

DEA方法是一种非参数的效率评价方法，其通过建立数学规划模型，考虑多个投入、多个产出，从而对决策单元（DMUs）间的相对有效性进行评价。DEA方法的指标权重由数学规划直接产生，效率值不受计量单位不同的影响，从而可以避免量纲不一致造成的诸多问题。该方法遵循最优化原则，不受宏观调控与制度变迁的影响，在分析样本的“相对有效性”，运用线性规划判断决策单元是否位于生产前沿面上时，消除了生产函数的风险及克服了平均性的缺陷，得出的结果也较为客观。

假设有n个决策单元，每个决策单元都有m个输入指标和s个输出指标，分别为评级单元DUM的输入输出指标数据。通过对输入、输出进行综合处理，引入一组权重系数$v(v_1, v_2, \cdots, v_m)^T$，$u(u_1, u_2, \cdots, u_s)^T$（即选取适当的权重系数$v$和$u$），使被评价的效率指数$h_0$达到最大，并以效率指数$h_j \leq 1$为约束，将多维数组有理化并转化为一维数组，从而构成DEA优化模型。对于DMU，相对有效性DEA模型为：

$$
\begin{cases}
\max = \dfrac{\sum_{r=1}^{s} u_r y_{rj}}{\sum_{i=1}^{m} v_i x_{rj}} \\
\text{s.t.} \dfrac{\sum_{r=1}^{s} u_r y_{rj}}{\sum_{i=1}^{m} v_i x_{rj}} \leqslant 1 \\
v = (v_1, v_2, \cdots, v_m)^{\mathrm{T}} \geqslant 0 \\
u = (u_1, u_2, \cdots, u_m)^{\mathrm{T}} \geqslant 0
\end{cases}
\tag{5.6}
$$

为了方便地进行DEA有效性评价，本部分引入松弛变量和非阿基米德无穷小量ε，重新构建DEA模型：

$$
\begin{cases}
\min[\theta - \varepsilon (e_1^{\mathrm{T}} s^- + e_2^{\mathrm{T}} s^+)] \\
\text{s.t.} \sum_{j=1}^{n} \lambda_j x_j + s^- = \theta x_0 \\
\sum_{j=1}^{n} \lambda_j - s^+ = y_0 \\
\rho \sum_{j=1}^{n} \lambda_j = \rho, \ \rho = 0 \text{或} 1 \\
\lambda_j \geqslant 0, \ j = 1, 2, \cdots, n \\
s^- \geqslant 0, \ s^+ \geqslant 0
\end{cases}
\tag{5.7}
$$

其中，$s^- = (s_1^-, s_2^-, \cdots, s_m^-)^{\mathrm{T}}$，$s^+ = (s_1^+, s_2^+, \cdots, s_r^+)^{\mathrm{T}}$分别为输入、输出松弛变量。可采用DEAP2.1软件开展相关计算。

二、指标体系与数据来源

在对海陆经济统筹发展的效率进行评价时，不应局限于以单独的海洋经济或陆域经济为变量的分析模式，而应该以海陆经济之间相互作用密切的流动要素为评价视角，注重海陆经济之间的关系与连接点，选择能够体现海陆经济的关联性的因素，从而对海陆经济发展的协调性、可持续性做出评价与分析。

指标的选取应该遵循科学性、系统性、可行性、可比性等原则，指标涉及海洋系统与陆域系统中自然、经济、社会的各个方面，以海陆统筹思想为指导，以DEA模型分析为基础，以海陆经济系统各生产要素为投入指标，以海洋经济与陆域经济的产值为产出指标，对海陆经济协调发展情况进行评价。

（一）海洋系统影响陆域经济产出效益的指标

海洋系统为陆域经济的发展提供了资源支持，并拓展了陆域经济的发展空间；同时，由于海洋系统承接了陆域经济的发展，为其发展增加了环境成本。我们认为，陆域经济的产出可从经济发展的总体规模和经济发展效益2个方面进行分析，因此选取的指标主要为海洋生产总值占地区生产总值的比重、人均生产总值等。为了固定比较的时间期限，选择了2006—2017年的相应数据。具体指标可见表5.9。

表5.9　海洋系统影响陆域经济产出效益的指标

系　统	指　标	数据来源
投入系统	海洋捕捞产量	数据来源于《浙江省统计年鉴》（2007—2017）、《中国海洋统计年鉴》（2006—2017）、《2017年浙江省国民经济和社会发展统计公报》
	海洋盐业产量	
	货物周转量	
	海水养殖产量	
	旅游国际（外汇）收入	
	工业废水排放量	
产出系统	海洋生产总值占地区生产总值的比重	
	人均生产总值	

（二）陆域经济影响海洋经济产出效益的指标

陆域经济的发展为海洋经济提供了强有力的支撑，对海洋经济的发展具有需求拉动的作用，同时也为海洋经济的发展创造了就业机会、研发技术、基础设施等必要条件。我们选择了6项指标作为陆域经济为海洋经济提供的投入要素，具体可见表5.10。同样，为了保证数据分析的口径一致，选取了2006—2017年的相应数据。

表5.10　陆域经济影响海洋系统产出效益的指标

系　统	指　标	数据来源
投入系统	地区生产总值	数据来源于《浙江省统计年鉴》(2007—2017)、《中国海洋统计年鉴》(2006—2017)、《2017年浙江省国民经济和社会发展统计公报》
	研发经费支出	
	消费性支出占总收入的比重	
	运输线路长度	
	涉海就业人数	
	工业总产值	
产出系统	海洋经济生产总值	
	海洋生产总值占地区生产总值的比重	

三、模型应用与分析

本部分运用DEA模型对浙江省海陆统筹发展的效率进行分析，利用2006—2017年的相关数据，分别计算海洋经济对陆域系统资源的利用效率，以及陆域经济对海洋系统资源的利用效率。据此，可对浙江省海陆之间的资源有效利用情况进行分析，从而对海陆经济协调持续发展问题进行评价。

（一）陆域经济对海洋系统资源的利用效率分析

本部分利用DEAP软件对所选取的指标进行处理，得到陆域经济对海洋系统资源利用的总体效率和技术效率，具体结果见表5.11。

表5.11　2006—2017年浙江省陆域经济对海洋系统资源的利用效率

年　份	综合效率	纯技术效率	规模效率	规模报酬
2006	1.000	1.000	1.000	—
2007	1.000	1.000	1.000	—
2008	0.947	1.000	0.947	递增
2009	1.000	1.000	1.000	—
2010	0.966	0.970	0.996	递减
2011	0.999	1.000	0.999	递减
2012	1.000	1.000	1.000	—
2013	1.000	1.000	1.000	—
2014	1.000	1.000	1.000	—

续　表

年　份	综合效率	纯技术效率	规模效率	规模报酬
2015	1.000	1.000	1.000	—
2016	1.000	1.000	1.000	—
2017	0.942	1.000	0.942	递增
平均值	0.988	0.997	0.990	—

由表5.11可知，在2006—2017年浙江省陆域经济对海洋系统资源的利用效率的测算结果中，只有2008年、2010年、2011年和2017年属于DEA无效决策单元，其余年份的DEA值均为1。其中2008年和2017年均为规模报酬递增，说明这2年陆域经济对海洋系统资源的利用处于一个较为高效的状态。而2010年和2011年则刚好相反，属于规模报酬递减，说明这2年陆域经济对海洋系统资源的利用处于无效的状态；也就是说，这2年陆域经济对海洋系统资源并没有完全利用，即生产活动的投入规模大，而产出规模并没有达到最优。

规模效率的分析结果显示，2008年、2017年这2年属于规模报酬递增的状态，应该继续加大投入，来实现经济总体效率的提升，从而更好地发挥规模效益。

（二）海洋经济对陆域系统资源的利用效率分析

本部分利用DEAP软件对所选取的指标进行处理，得到海洋经济对陆域系统资源利用的总体效率和技术效率，具体结果见表5.12。

表5.12　2006—2017年浙江省海洋经济对陆域系统资源的利用效率

年　份	综合效率	纯技术效率	规模效率	规模报酬
2006	0.998	1.000	0.998	递增
2007	0.998	1.000	0.998	递增
2008	1.000	1.000	1.000	—
2009	0.983	0.987	0.997	递增
2010	0.967	0.995	0.971	递增
2011	0.973	0.986	0.987	递增
2012	0.953	1.000	0.953	递增

续 表

年 份	综合效率	纯技术效率	规模效率	规模报酬
2013	0.954	0.968	0.985	递增
2014	0.957	0.969	0.988	递增
2015	0.960	0.976	0.983	递增
2016	0.975	0.988	0.986	递增
2017	1.000	1.000	1.000	—
平均值	0.976	0.989	0.987	—

由表5.12可知，在2006—2017年浙江省海洋经济对陆域系统资源的利用效率的测算结果中，只有2008年和2017年的规模效益为1，即处于DEA有效的状态。而其余年份均为规模报酬递增的状态，表明2008年、2017年浙江省海洋经济对陆域系统资源的利用效率并没有实现最优。

规模效益的分析结果显示，2008年、2017年这两个年度属于DEA有效状态，表明这段时期浙江省海洋经济对陆域系统资源的利用效率处于一个平衡状态。

四、海陆经济协调发展程度的对比分析

从测算结果发现，2006—2017年，无论是海洋经济对陆域系统资源的利用效率，还是陆域经济对海洋系统资源的利用效率，总体上均处于较为高效的状态。但海陆经济的统筹发展不能割裂海洋、陆域之间的相互联系，必须从相互作用、持续发展的角度开展分析，要注重两者融合而形成的系统协调性。

海陆经济要实现协调持续发展，必须保证海洋经济与陆域经济之间物质能量交换的协调、互补性的整合与提升，以及区域整体效益的优化。因此，海陆经济协调发展体现为陆、海两个系统之间的高效率支撑状态。可用下式衡量：

$$\gamma=\frac{\min(\theta_1,\ \theta_2)}{\max(\theta_1,\ \theta_2)} \tag{5.8}$$

其中：γ表示海陆经济协调发展度；θ_1表示海洋经济对陆域系统资源的利用效

率；θ_2表示陆域经济对海洋系统资源的利用效率。海陆经济协调发展度越高，表明海陆经济发展越具有一致性和同步性；反之，则表明海陆经济发展不具备一致性和同步性，不是一方超出另一方的支撑及利用能力，就是一方滞后于另一方的发展。

利用现有统计数据，计算可得2006—2017年浙江省海陆经济协调发展度。同时，为了开展与福建省、山东省的对比，也分别计算了这2个省份的海陆经济协调发展度系数。相关计算结果见表5.13。

表5.13 3个省份海陆经济协调发展度系数

年 份	浙江省	福建省	山东省
2006	0.998	1.000	1.000
2007	0.998	0.989	0.981
2008	0.940	0.994	1.000
2009	0.983	0.995	1.000
2010	0.997	0.980	0.955
2011	0.977	0.946	0.950
2012	0.953	1.000	0.945
2013	0.954	1.000	0.919
2014	0.957	0.994	0.997
2015	0.960	0.988	0.990
2016	0.975	0.979	0.910
2017	0.942	0.994	0.874

注：由于此研究开展时《中国海洋统计年鉴》（2018）尚未公布，故福建、山东两省的部分指标均为估算所得。

由表5.13可知，浙江省2017年的海陆经济协调发展度系数为0.942。2006—2017年，浙江省海陆经济协调度系数一直保持在0.9以上，说明其海陆经济协调持续发展总体上取得了较好的成果。

2006—2017年，福建省、山东省均共有3个年度的海陆经济协调发展度系数达到了1.000，协调发展年度占比达到了25%。与浙江省相比，这2个省份的海陆经济协调发展情况较好，说明其海陆统筹发展的整体情况比较好。从样本期间的测算结果来看，浙江省在海陆统筹发展方面，虽然没有出现大幅度的波动，但水平并不高，3个省份中较靠后。因此，如何提升海陆统筹发展效率是浙江省需要重点关注的问题之一。

第四节｜主要结论与建议

一、主要结论

海陆统筹为海陆经济协调持续发展提供了很好的思路，是解决海陆经济发展中存在的各种问题的关键所在。准确深入地对海陆统筹进行理解与分析，对进一步开发海洋资源、协调海陆发展、提升区域整体效益具有重要意义。利用相关数据、统计方法及测算模型，我们对浙江省海陆统筹发展情况进行了系统的分析，主要得到以下几方面的结论。

其一，通过海洋经济规模、海洋经济的份额两方面分析，并结合2006年以来的时序数据，发现浙江省海洋经济发展的趋势总体上较为明显，海洋三次产业发展得较为均衡，海洋经济的年均增速保持在一个稳定的水平；海洋经济产业结构特色鲜明，形成以海洋第三产业为主、海洋第二产业次之，带动海洋第一产业发展的产业格局；海洋就业形势较为明朗，涉海就业人员数不断增加；海洋经济发展效率略有回落。

其二，通过相关性分析，发现浙江省海、陆经济呈现出相辅相成的状态，地区生产总值和海洋生产总值不断提高，并且海洋生产总值占地区生产总值的比重日益提高，这说明了海洋经济与陆域经济之间有着紧密的关系。陆域经济的很多生产活动可以从海洋产业活动中找到相对应部分，海洋产业可以认为是陆域产业在海洋空间的延伸，海洋经济发展与陆域经济发展是不可分割的。

其三，通过浙江省与其他省份海陆经济发展的对比可以发现，从全国范围来看，浙江省无论是海洋经济还是陆域经济的发展均居于靠前位置。并且浙江省海洋生产总值占地区生产总值的比重逐年提高，说明了浙江省海洋经济在全省经济发展中的作用也越来越大。

其四，通过DEA可看出，浙江省海陆经济规模有不适宜问题，存在生产冗余或者投入不足的现象。通过分析可知，陆域系统资源利用的规模报酬处于递减状态，而海洋经济对陆域系统资源的利用处于规模报酬递增状态（见表5.12）。可见海陆经济的资源利用效率还存在改善的空间，扩大陆域经济的产出空间、促进海洋经济发展，是浙江省海陆经济协调发展的现实问题。

二、若干建议

根据前文的分析不难看出，要推进海陆统筹发展，需要从海洋和陆域两方面着手，协同考虑二者的整体发展关系。笔者认为，浙江省海陆统筹发展应着重于以下6个方面。

（一）加强海陆统筹宣传，构建有利的政策体系

以科学发展观为指导，加强对海陆统筹战略的认识。通过加大宣传力度，提高人们对于海陆经济相互联系的认识，让人们了解到只有海陆联动、统筹海陆发展才能发挥整体效益，为整个区域的发展增添动力。海陆两大系统不仅具有复杂的关联性，也具有各自发展的独特之处。例如，海陆经济的发展都急需优惠政策的支持，但是海洋系统更加注重对于技术与资金方面的投入，而陆域系统更加注重的是资源的利用效率的提高。因此，海陆经济统筹发展政策的制定，要以海陆统筹思想为指导方针，同时还要顾及海陆系统的独特性，建立适宜的政策，形成海陆经济协调持续发展的政策体系。

（二）加强管理机构专业化建设，形成海陆一体化管理体系

海陆统筹发展的管理涉及海陆间产业的统筹、资源有效替代、环境统筹调控等各个方面，科学地进行海陆统一规划，是实现海陆经济互动发展的重要保障。同时，建立拥有不同层次的管理组织结构，尤其要加强横向部门之间的联系，激发民间机构的参与度与积极性，从而弥补海陆统一规划上的不足，形成更加科学的完整的海陆一体化管理体系。

政府应为海陆经济发展提供沟通渠道，从而使得相对分散的管理部门能够进行有效的沟通，进而提升工作效率。例如，建立海陆统筹发展的投融资体系、海陆统筹发展的物流平台、海陆统筹发展的信息资源交流平台等。同时，各级政府应构建创新网络，形成产学研体系，及时提升技术引进、技术创新、技术成果转化等能力，为海陆经济发展提供有效的技术支撑，为海陆

经济协调持续发展提供良好的环境。

（三）强化法律制度规范作用，培育适宜的规章制度体系

严格执行《海洋环境保护法》《海洋倾废管理条例》《防治陆源污染物污染损害海洋环境管理条例》等相关法律、法规和条例；建立和完善海洋环境影响评价制度、应急制度、海上污染损害赔偿制度等相关制度；推动有关海洋环境保护的地方性法规的制定。

进一步完善《海域使用管理法》《海洋环境保护法》《海洋倾废管理条例》《防治陆源污染物污染损害海洋环境管理条例》等配套法规；充分发挥环境政策的管制手段和经济刺激手段的作用，真正体现"污染者付费""谁开发谁保护，谁破坏谁恢复，谁利用谁补偿"的原则，实行向海域使用者、污染物排放单位、高排放产业收费相结合的动态收费制度；积极推进海洋环境管理部门依法行政。

（四）积极拓宽融资渠道，加大投入力度

一是根据海洋产业规划和项目规划，大力开展产业招商，吸引外资投向海洋基础设施、临港产业、高新技术产业等领域；有效引导社会资金投向海洋经济，积极支持民营企业参与海洋基础设施建设、海洋资源开发和海洋产业发展。二是开展海洋资源核算研究，将海洋资源核算纳入国民经济核算体系，实施资产化管理。三是强化资源管理，将海洋资源纳入资产化轨道。除了依靠法律、行政手段进行管理之外，应重视使用经济手段和方法进行管理。要转变资源无价的传统观念，在明确海洋资源权属的基础上，对海洋资源进行核算和评估，逐步实现海洋资源的有偿使用，以发挥市场优化配置资源的基础作用。

（五）以海陆统筹发展为基础，实现海陆一体化建设

一是以临海产业发展为纽带，进一步促进海陆产业系统间联系的增强，加快建立海岸带综合开发区，增强海陆产业的紧密连接，构建海陆生态协调、海陆产业结构优化升级的支撑体系。二是海洋产业化要以陆地为依托，以沿海城市为基地，实行海陆一体化建设。三是用陆域的经济、技术力量加强海洋产业，拓宽海洋资源的开发广度和深度。四是加强浙江省海陆经济产业合作，进一步提高海洋经济效益，促进浙江省海洋经济的腾飞。

(六) 大力推进“科技兴海”战略

一是提升海洋科技含量，建立优化、合理的生产模式。对传统海洋渔业等海洋产业进行改造，应以海洋高科技为主导，结合常规技术，广泛应用遥感、自动化及电子计算机等高新技术，转变粗放型的生产方式为集约型的生产方式，转变分散零散经营为适度规模经营，使海洋产业化真正成为浙江省海洋经济增长的新契机。二是积极发展知识密集型海洋产业。海洋产业化具有很强的综合性、配套性和知识密集性，因此需要集中智力、财力和物力以加强研究力量，联合各类技术力量共同开发，形成政府、科研机构和产业三位一体的联合开发体系，积极发展知识密集型海洋产业。三是改善海洋科技人才结构。要合理搭建海洋人才的知识结构，重视人才的培养和引进，以适应新形势下海洋产业持续稳定的发展需要。

第六章 浙江省海岛县域经济综合发展评价

21世纪以来，各国对海洋的开发与发展竞争进入了一个新阶段。《中华人民共和国国民经济和社会发展第十三个五年规划纲要》[①]首次提出将海洋经济纳入区域发展，并提出“拓展蓝色经济空间”的新理念。海岛作为连接海洋与陆地的桥梁，因其独特的地理位置被认为是加快实施海洋战略的重要基地。同时，海岛作为海洋生态系统中的组成部分，其丰富的自然资源对海洋渔业、海洋生物医药业、海洋设备制造业、滨海旅游业等产业的发展贡献巨大。新形势下，海岛县域经济发展在面临难得机遇的同时，也面临着巨大挑战。本章将以海岛县域为研究对象，讨论海岛县域经济综合发展评价指标体系的构建、评价方法的设计，并通过实际的测算，分析浙江省6个海岛县经济综合发展的现状、存在的问题与发展趋势，为海岛经济发展规划和政策制定提供基础依据。

第一节｜研究现状

回顾海岛经济的相关研究是评估海岛县域经济综合发展水平的基础。本节将从海岛经济相关概念出发，重点回顾国内外关于海岛经济的文献研究。利用浙江省海岛统计数据、海岛县的统计年鉴等资料，对海岛地区的社会经济发展情况进行描述分析，为后续的海岛县域经济综合发展评价提供研究基础。

一、海岛经济相关概念

（一）海岛经济的概念

顾朝林（1989）指出，海岛是一种特殊的地域，具有系列的海岛自然、经济特性。对于海岛经济的定义，张耀光（2012）指出，海岛经济是针对一个独立的海岛或一群海岛，通过开发海岛陆地资源、周边海洋资源来发展经济，并具有一定行政、经济组织的地（海）域资源。秦伟山（2013）在总结

① 《中华人民共和国国民经济和社会发展第十三个五年规划纲要》，《人民日报》，2016年3月18日。

已有研究的基础上指出，海岛经济是指以市场为导向，实现“岛—海—陆”统筹发展，有着鲜明的地域特色和发展演化特征的地域经济类型。

（二）海岛经济的特征

海岛经济的概念决定了发展海岛经济必须联动“岛—海—陆”3个方面。依托每个海岛的海洋资源与区位优势，通过区域产业布局，将海岛县域与地区经济融合发展成为一个新经济社会系统，实现海岛县域的进一步发展。根据付昌辉（2005）的研究，海岛经济主要具有以下几个显著特点。

第一，海岛提供了海岛经济发展所必需的基本条件，且海岛经济的发展与其拥有的海洋资源密不可分。因此，其经济发展模式与资源禀赋、区位因素有着不可分割的联系。

第二，海岛产业经济发展相对单一化。由于海岛远离陆地，交通运输较为不便，具有相对封闭性和独立性，而海岛经济的发展又过多依赖于现有的海洋资源，经济社会活动局限性大，因此其产业发展易趋于单一化。

第三，海岛经济具有外向性。对水、电、生活必需用品等的需求使得海岛经济的发展必须面向外界，以推进海岛经济的发展变化。

第四，海岛经济发展不平衡。不同区域的海岛在面积、主要海洋资源、资源配置等条件上差距较大，因此其海岛经济发展也存在较大差距。

由于陆地资源日益匮乏及海岛拥有丰富的海洋资源，海岛经济日益成为区域经济发展的重要组成部分。开发海岛、发展海岛经济的目的不仅是满足海岛县域自身发展的需要，更是为沿海地区的经济发展提供新的增长动力。

二、海岛经济相关理论研究

早期国外文献对于海岛经济的研究，主要侧重于海岛旅游业的领域。但随之出现了诸多问题，单一化的产业结构、落后的基础设施、资源开发不当使得经济发展极其缓慢及旅游对海岛原有生态环境造成破坏。1992年，联合国环境与发展大会发表的《21世纪议程》，确立了可持续发展原则。①随着可

① United Nations. “Report of The United Nations Conference on Environment and Development”.Rio de Janeiro,1992,I–III.pp:3–14.

持续发展理念的逐步形成，1994年，各国在巴巴多斯制定了小岛屿发展中国家可持续发展蓝图《巴巴多斯行动纲领》，纲领从国家、地区和国际三大层面分别提出了一系列支持小岛屿发展中国家可持续发展的具体行动和措施，为实现小岛屿的可持续发展提供了依据和保障。①

此后，国外学者对于海岛经济发展的研究开始侧重于海岛经济的可持续发展。Habrova（2004）从索科特拉岛的土地承载力和渔牧业发展这2个角度具体分析其海岛经济的可持续发展能力。Kaffashi et al.（2011）重点研究了海岛经济的可持续发展问题，并结合相关实例分析了不同区域海岛经济可持续发展的多种模式。Lovelock et al.（2010）以新西兰的查塔姆岛为例，探索边缘海岛地区实现可持续发展的路径。在具体产业方面，国外学者对海岛经济可持续发展的研究大多集中于海岛旅游产业。Garcia（2003）认为，海岛旅游对海岛环境的影响主要表现为对水资源平衡的破坏，并据此提出依据水资源来决定其开发模式。Wilkinson（2011）从岛屿自身海洋资源情况出发，具体分析岛屿发展某种旅游模式的可行性。

相较于国外对海岛经济发展的研究，国内相关研究虽然起步较晚，但也取得了较多的研究成果。自党的十八大首次提出“建设海洋强国”战略以来，越来越多的学者开始关注海岛经济发展。罗钰如（1996）提出，由于我国目前面临着人口众多、陆地资源日趋减少的问题，我们必须开始以可持续发展的思路进行海岛开发。张耀光（2005）从海岛经济的相关概念和定义出发，论述了我国海岛经济的总体发展与产业结构情况，并提出相应对策。蒋振威等（2007）以海南岛为例，深入探究循环经济模式，并提出了海岛经济发展要坚持走循环发展道路。王明舜（2009）认为，海岛在社会经济中的价值地位决定了其在经济发展模式上的差异，可归纳为可持续发展、生态经济、岛陆一体化等3种模式。

从具体产业来看，张耀光（2003）以国民经济产业结构变化理论为基础，将我国12个海岛县作为实证对象，研究三次产业结构重心动态变化过

①《巴巴多斯行动纲领》要求国家采取切实的行动措施，加强对岛屿资源开发的管理，努力提高岛屿基础设施的建设能力，扩大岛屿信息的交流范围，为岛屿的可持续发展提供根本的保障，详见 http://news.cri.cn/gb/3821/2005/01/15/622@423572.htm。

程，进一步分析海岛县产业结构演进特点。楼东等（2005）通过分析舟山群岛地区的产业更替，提出海岛地区要坚持以临港产业作为中心产业并优先发展旅游业等第三产业的原则。孙兆明等（2010）提出，海岛经济发展必须以各地区的海岛生态环境或资源禀赋为前提，不存在相同的产业结构发展的情况。赵锐等（2011）利用海岛经济数据，通过构建优势产业选择指标体系，分析得到我国12个海岛县域发展的优势产业，为县域制定海岛经济发展战略提供研究参考。

综观国内外的研究成果，相关文献的理论侧重点均为海岛产业结构的演进变化、经济的可持续发展，而在经济发展水平及其模式评估等方面缺乏较为深入、系统的研究。现阶段，在加快海洋经济发展的大背景下，对海岛县域经济的综合评估与发展战略的研究是非常有必要的。

三、浙江省海岛县域经济发展现状

浙江省海域面积为26万平方千米，海岸线总长为6486.2千米，居全国首位，拥有丰富的海洋能资源、盐田资源、水资源、矿产资源和土地资源。浙江省海岛县域主要分布在温州、舟山和台州等地，具体为洞头区、定海区、普陀区、岱山县、嵊泗县、玉环市等。

（一）浙江省海岛县域经济总体发展情况

根据2018年《浙江统计年鉴》来看，浙江省海岛县域经济体量最大和最小的地区分别为台州市玉环市、温州市洞头区，地区生产总值分别为580.77亿元和101.15亿元，相差约5倍，经济总量发展极不平衡。舟山地区的4个海岛县（市、区）中，定海区和普陀区高于全市的平均水平，岱山县和嵊泗县则在平均水平之下。

2018年，这6个海岛县（市、区）的人均生产总值分布在6.54万元至13.87万元之间，两端值对应的地区为洞头区和定海区。从人均生产总值来看，全省为12.43万元/人，而洞头区、岱山县的人均生产总值低于全省平均水平。相关数据可见表6.1。

表6.1　2018年浙江省海岛县（市、区）的经济发展情况

市	县(市、区)	地区生产总值(亿元)	人均生产总值(万元/人)
温　州	洞头区	101.15	6.54
舟　山	定海区	548.93	13.87
	普陀区	437.16	13.74
	岱山县	215.50	11.95
	嵊泗县	114.30	15.10
台　州	玉环市	580.77	13.36
均　值		332.97	12.43

从表6.2不难发现，2006—2018年，各海岛的地区生产总值均呈上升趋势；其中，玉环市、定海区、普陀区发展势头较好，上升趋势明显；相比而言，嵊泗县和洞头区发展曲线较为平缓，上升趋势较不明显。

表6.2　浙江省海岛县（市、区）的地区生产总值（2006—2018年）

单位：亿元

年　份	定海区	普陀区	岱山县	嵊泗县	洞头区	玉环市
2006	139.46	107.99	54.14	41.33	22.50	180.19
2007	171.63	127.43	66.79	47.32	26.42	221.73
2008	207.54	152.30	85.29	55.86	30.41	252.81
2009	210.52	162.36	103.38	57.39	33.30	243.32
2010	250.16	199.23	104.54	67.39	34.35	308.21
2011	290.40	246.20	120.22	56.13	39.32	361.52
2012	314.81	273.98	128.21	65.91	44.09	374.89
2013	343.57	300.01	139.82	73.61	49.33	400.47
2014	369.52	328.52	147.91	80.14	54.56	422.88
2015	391.46	352.15	155.82	86.02	61.48	438.67
2016	438.39	395.27	174.76	98.99	79.42	465.13
2017	508.36	408.15	196.97	107.78	90.11	529.83
2018	548.93	437.16	215.50	114.30	101.15	580.77

（二）浙江省海岛县域的三次产业结构

2018年，浙江省6个海岛县（市、区）的地区生产总值合计达1997.81亿元。各海岛县的三次产业分布具体情况见图6.1。

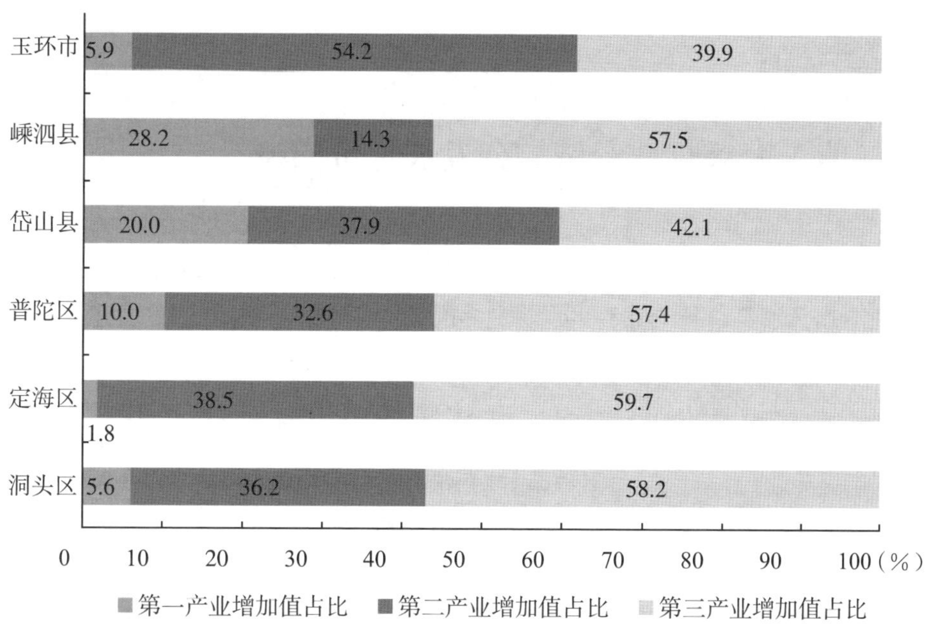

图6.1　2018年浙江省各海岛县（市、区）的三次产业结构

由图6.1可以得知，舟山各海岛县（市、区）产业结构的情况不尽相同，定海区第一、二、三产业增加值占比分别为1.85%、38.45%、59.69%；普陀区与定海区的产业结构相似，以第三产业为主导；岱山县第一、二、三产业增加值占比分别为20.05%、37.87%、42.09%；相较于其他海岛县（市、区），嵊泗县的第三产业增加值占比最高，为57.48%。

温州市洞头区以第三产业为主导，其增加值占比高达58.2%；第一产业增加值占比仅为5.6%。台州市玉环市的第二产业增加值占比高达54.15%，以第二产业为主导产业；第三产业增加值占比相对较低，约为39.93%；第一产业增加值占比仅为5.92%。

洞头区、定海区、普陀区3个地区的产业结构与浙江省整体的“三二一”产业结构相同，三次产业中第三产业占有主导地位；玉环市则是以第二产业为主导，产业结构为“二三一”。

综观各海岛县域经济发展情况，不同地区的海岛县域在同期的经济总体水平和产业结构上存在一定差异。为进一步了解各海岛县域经济发展状况，需要建立海岛县域经济综合发展评价指标体系，综合评价海岛县域经济的发展程度。

第二节 | 海岛县域经济综合发展评价模型

构建合理、可行的评价模型是评估海岛县域经济综合发展水平的关键。由于海岛县域经济社会系统的特殊性和复杂性，学术界对海岛县域经济评估指标体系及其评价方法尚未有统一的认识。本节将根据海岛县域经济发展的内涵，结合海岛县域经济的特点，建立海岛县域经济综合发展评价体系。

一、海岛县域经济综合发展指标体系

大量的文献认为，经济发展不仅是一个表示经济增长的数量概念，而且是一个包含数量与质量的概念。陈秀山（2003）认为，经济发展不仅仅包括经济产出的增长，还包括产业结构与资源要素配置的优化。借鉴这一观点，本书认为，海岛县域经济发展可用于衡量海岛经济整体发展的规模、结构、增速和推动力。海岛县域经济综合发展指标同样也是一个综合性指标，其不仅需要关注海岛县域经济总量及其变化，如生产总值及其增长率等，也需要关注海岛经济的产业结构，如三次产业结构、渔业行业结构等，同时还不能忽视海岛县域经济发展的推动力，如技术投入、固定资产投资、外贸出口等。

此外，由于经济发展是社会活动的基础，经济发展成果将进一步影响到海岛居民就业、政府财政收入及海岛地区的向外吸引力，因此，海岛县域经济综合发展评估还应考虑经济发展后所产生的影响。参考相关文献，结合海岛县域经济发展的内涵与特点，笔者认为，海岛县域经济的综合发展情况可从经济总量、经济结构、经济增速和经济推动力这4个方面进行反映。

（一）经济总量

经济总量的高低是海岛县域经济发展水平最直观的体现，反映海岛地区

经济发展的总体实力。因此，我们主要考虑海岛县域经济发展在社会、财政和投资等维度下的效益问题，用地区生产总值、财政总收入、渔业总产值及社会消费品零售总额4项指标来综合衡量海岛海域发展的经济总量水平。

（二）经济结构

海岛县域经济结构与海岛县域经济发展有着密切的联系，海岛县域经济结构也是海岛县域经济发展水平的重要体现。海岛县域经济结构是对海岛产业发展情况的一个描述，其说明海岛县域经济是否已经由原先的传统海洋产业向现代化海洋产业转变。海岛县域经济产业结构的演进也会有效地促进海岛经济总量的快速增长，同样，海岛县域经济总量的增长也会促进产业结构优化演进。因此，用海岛县域经济中工农业产值占比、第三产业比重及海洋增加值占比来反映其经济结构状况。

（三）经济增速

由于经济总量指标一般为绝对数，利用单一的海岛县域经济总量评估海岛经济发展水平存在局限性。在评估海岛县域经济发展水平时，还需要充分考虑经济发展的相对水平。故而，我们采用海洋经济总产出增长率、地区生产总值增速等指标描述各地区海岛县域经济发展的相对水平。

（四）经济推动力

海岛县域经济推动力是发展海岛县域经济的重要推动要素，主要包括推动经济高质量发展的各种经济要素，如金融资金、对外贸易情况等。海岛县域经济推动力代表着一个地区海岛县域经济的潜在发展实力，同样也能对经济总量与经济结构产生较大的影响。因此，选取了金融机构各项存款余额、海岛地区人均生产总值、专利申请授权量、外贸依存度4项指标来反映海岛县域经济推动力。

根据指标体系设计的全面系统性、科学客观性、层次导向性和数据可获得性原则，我们筛选了13个指标构建海岛县域经济综合发展指标体系，具体可见表6.3。

表6.3　海岛县域经济综合发展指标体系

一级指标	二级指标	数据来源或说明
经济总量	地区生产总值(万元)	《浙江省海洋统计公报
	财政总收入(万元)	《中国城市统计年鉴》
	渔业总产值(万元)	《中国渔业统计年鉴》
	社会消费品零售总额(万元)	《中国城市统计年鉴》
经济结构	工农业产值占比(%)	工农业总产值/地区生产总值×100%
	第三产业比重(%)	第三产业增加值/地区生产总值×100%
	海洋增加值占比(%)	海洋产业增加值/地区生产总值×100%
经济增速	地区生产总值增速(%)	(报告期地区生产总值－基期地区生产总值)/基期地区生产总值×100%
	海洋经济总产出增长率(%)	(报告期渔业生产总值－基期渔业生产总值)/基期渔业生产总值×100%
经济推动力	金融机构各项存款余额(万元)	《浙江省海洋统计公报》
	海岛地区人均生产总值(万元)	地区生产总值/年末总人口数
	专利申请授权量(项)	《浙江省海洋统计公报》
	外贸依存度(%)	进出口总额/地区生产总值×100%

二、海岛县域经济综合发展的评价方法

为了更加客观地对浙江省海岛县域经济发展进行综合评价，本部分主要从横向比较、纵向趋势分析这2个角度，选取了浙江省6个海岛县（区、市）在2011—2018年之间的指标数据，开展统计数据的处理与分析。

（一）指标数据预处理

在进行综合评价时，各评价指标数值因具有不同的量纲，缺乏可比性。因此，对指标进行同趋化、标准化处理是进行综合评价的重要环节。

评价指标通常可划分为正指标、逆指标2个类型。对于正向指标，其指标值越大表明指标越好；而负向指标则是值越小越好。不同评价指标类型，其对应的标准化方法也存在差异。因此，利用减法同趋化方法对指标进行同趋化，将负向指标转换为正向指标。公式为：

$$y_i = \mathrm{Max}(x_i) - x_i \tag{6.1}$$

其中$\mathrm{Max}(x_i)$表示指标x_i的最大值。

指标同趋化后，针对指标数据的口径问题，可进行数据标准化处理，保证指标数据及最终测得评价值的可比性。而对于2011—2018年6个海岛县域的面板数据来说，传统的静态标准化方法忽略了采用相同标准化方法所导致的信息缺失问题。因此，对任一时期，各个评价对象的数值进行标准化处理。全序列均值法的公式为：

$$y_{ij}^{*}=\frac{y_{ij}(t)}{\text{average}_{it}\,y_{ij}(t)} \tag{6.2}$$

其中：$y_{ij}(t)$为第i（$i=1,2,3,\cdots,m$）个对象第j（$j=1,2,3,\cdots,n$）个指标在t（$t=1,2,3,\cdots,k$）时刻同趋化的指标数值；$\text{average}_{it}y_{ij}$（$t$）为第$i$个对象关于$i$、$t$的均值。

（二）指标权重的分配

评价指标权重的分配是综合评价过程中较为关键的环节，不同的权重会导致完全不同的评价结果。因此，指标权重的确定是否合理有效直接影响到评价结果的科学性。赋权方法主要分为主观赋权法和客观赋权法两类。其中，主观赋权法存在主观随意性强、精度不高等问题；而客观赋权法能够有效规避评价者的主观意见，依赖客观的指标数据。基于此，我们采用CRITIC赋权法进行指标权重分配。CRITIC赋权法不仅考虑了指标的变异性，还考虑了指标之间的冲突性，使得赋权结果更为合理。

假设指标体系中有m个指标、n个评价对象；C_j表示第j个指标所包含的信息，σ_j为第j个指标在不同评价对象下的标准差，$\sum(1-r_{ij})$为第j个指标与其余指标的冲突性，r_{ij}为指标的相关系数，则C_j的公式为：

$$C_j=\sigma_j\sum_{i=1}^{m}(1-r_{ij}) \tag{6.3}$$

第j个指标的权重可表示为：

$$w_j=\frac{C_j}{\sum_{i=1}^{m}C_j} \tag{6.4}$$

由于受到社会发展及国家宏观经济政策的影响，得到的时序数据在不同的时刻对评价对象的影响往往是不同的。如果忽略指标在不同时期的权重差异，那么最终结果将会产生较大偏差。因此，本部分基于时间变化分配相应的时间权重，借鉴张立军等（2017）的做法，利用反三角函数对2011—2018年海岛县域的相关指标进行时间权重分配。

对于时间权重，一般认为，越靠近当前时间点的指标数值的代表性越强，其权重也应该越大，即“厚今薄古”思想。那么，时间权重函数需满足以下3个条件：$F(t)$单调递增；$F(t)$斜率较小，即增速较为缓慢；$\lim_{t\to\infty}F(t)=1$。

根据上述性质，结合相关理论基础，确定的时间权重函数为反正切函数：

$$F(t)=\frac{2}{\pi}\arctan t\ (t=1,\ 2,\ 3,\ \cdots,\ N) \tag{6.5}$$

（三）动态TOPSIS评价过程

动态TOPSIS评价法综合考虑到评价对象、评价指标与数据时间3个维度，通过引入时间权重，建立动态指标加权模型，以更好地分析评价对象的整体特征，具体评价过程如下：

第一步，对初始指标数据进行预处理，得到标准化数据。假设指标体系中有m个指标，n个评价对象，k个时间点，初始指标矩阵为$\boldsymbol{X}=[x_{ij}(t_k)]_{n\times m}$，经过同趋化、标准化处理，可得到动态标准矩阵$\boldsymbol{U}=[u_{ij}(t_k)]_{n\times m}$。

第二步，利用CRITIC赋权法分配的权重构造加权矩阵，构造的加权矩阵表示为$\boldsymbol{Z}=[Z_{ij}(t_k)]_{m\times n}=[w_j u_{ij}(t_k)]_{m\times n}$。

第三步，确定绝对理想解。通过各指标中的最大值与最小值计算得到评价指标的正理想解Z^+、负理想解Z^-，公式分别为：

$$Z^+(t_k)=\{\max Z_{ij}|i=1,2,3,\cdots,m\}=\{Z_1^+,Z_2^+,Z_3^+,\cdots,Z_m^+\} \tag{6.6}$$

$$Z^-(t_k)=\{\min Z_{ij}|i=1,2,3,\cdots,m\}=\{Z_1^-,Z_2^-,Z_3^-,\cdots,Z_m^-\} \tag{6.7}$$

第四步，计算评价对象到绝对理想解的距离。采用欧氏距离计算指标值到正、负理想解的距离，得到D_i^+和D_i^-。

$$D_i^+(t_k)=\sqrt{\sum_{i=1}^{m}(Z^+-Z_{ij})^2} \tag{6.8}$$

$$D_i^-(t_k)=\sqrt{\sum_{i=1}^{m}(Z_{ij}-Z^-)^2} \tag{6.9}$$

第五步，计算相对贴近度。相对贴近度反映指标趋近正、负理想解的程度，其取值范围为［0，1］。其计算公式为：

$$T_i(t_k)=\frac{D_i^-}{D_i^+ + D_i^-} \tag{6.10}$$

显然，$T_i(t_k)$越大，表明评价对象越趋近于正理想解，远离负理想解，其综合评价水平越高。

第六步，引入时间权重矩阵 $\boldsymbol{W}_t$ ，得到动态综合评价结果B_i，其值越大，表明评价对象的综合评价水平越高。

$$B_i=\sum_{k=1}^{t}\boldsymbol{W}_t\,T_i(t_k) \tag{6.11}$$

第三节｜浙江省海岛县域经济综合发展水平的测算与分析

利用本章第二节中的海岛县域经济综合发展评价体系，采用CRITIC赋权法计算各个指标权重；同时，利用海岛县域相关指标，按照评估方法进行数据预处理，并对经济综合发展水平进行定量评价。本节将在评价结果的基础上，对海岛县域经济发展水平进行讨论。

一、指标权重的确定

指标权重的分配采用CRITIC赋权法，其基本思想是，根据指标数据的变异程度及指标间的冲突性来进行权重的求解。以2011—2018年浙江省6个海岛县（区、市）为例，先利用公式（6.1）、公式（6.2），对数据进行同趋化、标准化处理，再采用CRITIC赋权法计算各个指标的权重，结果可见表6.4。

表6.4　基于CRITIC赋权法的海岛县域经济综合发展评价指标权重分配

一级指标	二级指标	不同年度的综合权重								
		2011	2012	2013	2014	2015	2016	2017	2018	平均
经济总量	地区生产总值(万元)	0.07	0.07	0.07	0.07	0.07	0.07	0.06	0.07	0.07
	财政总收入(万元)	0.08	0.10	0.10	0.10	0.12	0.12	0.09	0.10	0.10
	渔业总产值(万元)	0.12	0.10	0.11	0.10	0.10	0.09	0.08	0.10	0.10
	社会消费品零售总额(万元)	0.05	0.07	0.07	0.07	0.07	0.07	0.07	0.07	0.07

续 表

一级指标	二级指标	不同年度的综合权重								
		2011	2012	2013	2014	2015	2016	2017	2018	平均
经济结构	工农业产值占比(%)	0.11	0.10	0.12	0.10	0.10	0.09	0.11	0.10	0.10
	第三产业比重(%)	0.04	0.03	0.04	0.03	0.02	0.02	0.02	0.02	0.03
	海洋增加值占比(%)	0.10	0.11	0.11	0.12	0.12	0.12	0.09	0.11	0.11
经济增速	地区生产总值增速(%)	0.02	0.03	0.02	0.02	0.03	0.02	0.01	0.02	0.02
	海洋经济总产出增长率(%)	0.08	0.08	0.07	0.06	0.03	0.05	0.09	0.07	0.07
经济推动力	金融机构各项存款余额(万元)	0.03	0.03	0.04	0.03	0.03	0.03	0.03	0.03	0.03
	海岛地区人均生产总值(万元)	0.06	0.07	0.07	0.14	0.10	0.11	0.10	0.11	0.10
	专利申请授权量(项)	0.18	0.16	0.13	0.12	0.15	0.11	0.13	0.12	0.14
	外贸依存度(%)	0.07	0.06	0.06	0.04	0.06	0.09	0.11	0.08	0.07

由表6.4可知，在不同年度，各评价指标的权重值有所不同。其中，经济推动力中的专利申请授权量指标各年权重均大于0.1，这说明专利申请授权量在海岛县域经济发展中占据着相当重要的地位；财政总收入、渔业总产值、工农业产值占比与海洋增加值占比，对海岛县域经济发展综合评价的影响程度较为显著。

综合来看，在2011—2018年的权重值对比中，可以发现，经济总量中的相关指标权重逐年下降，而经济推动力中的部分指标权重逐年上升。这一表现与推进海岛县域经济高质量发展的理念相符。

此外，对于面板数据，在考虑指标权重的基础上，还要考虑到时间序列数据。因此，需进一步确定时间权重。CRITIC赋权法为实现综合评价结果的可比性提供了可能，因此，我们利用反正切函数来确定时间权重。根据公式(6.5)，可得各个时间段的时间权重向量 $\boldsymbol{w}_t$ ，结果为：

$$\boldsymbol{w}_t = (w_{2011}，w_{2012}，w_{2013}，w_{2014}，w_{2015}，w_{2016}，w_{2017}，w_{2018}) = (0.08，0.11，0.12，0.13，0.14，0.14，0.14，0.14)$$

根据向量 $\boldsymbol{w}_t$ 可以发现，在不同的年份，影响海岛县域经济发展水平的各个因素的重要性是有一定差异的；对于同一指标而言，近几年的权重则大于远期的权重，能够体现指标“变权”的处理方式。

二、海岛县域经济发展水平的测算结果分析

根据前文的海岛县域经济综合发展的评价方法，本部分对浙江省6个海岛县域经济发展进行了测算。下文将分别根据测算结果进行分析，并对各海岛县域的发展趋势进行展望。

（一）静态综合评价结果分析

1. 海岛县域经济综合发展指数

测算结果显示，2011—2018年，浙江省海岛县域经济综合发展指数均表现出稳步上升的趋势，结果如表6.5所示。

表6.5　2011—2018年浙江省海岛县域经济综合发展指数

地　区	2011	2012	2013	2014	2015	2016	2017	2018
定海区	0.38	0.37	0.39	0.38	0.43	0.53	0.65	0.67
普陀区	0.27	0.30	0.30	0.26	0.30	0.34	0.32	0.36
岱山县	0.17	0.18	0.19	0.18	0.22	0.19	0.26	0.27
嵊泗县	0.16	0.19	0.17	0.20	0.21	0.18	0.23	0.25
洞头区	0.24	0.24	0.26	0.24	0.25	0.27	0.29	0.31
玉环市	0.36	0.35	0.59	0.52	0.49	0.61	0.60	0.65
平均值	0.26	0.27	0.32	0.30	0.32	0.35	0.39	0.42

其中，定海区在2011年至2014年这段时期内，海岛县域经济综合发展指数相对稳定；在2014年后，开启加速模式，海岛县域经济综合发展指数显著提升。

整体走势波动较大的是玉环市。特别是在2013年，由于人均生产总值与专利申请授权数量较高，玉环市出现区域指数的高峰值。

自2012年以来，定海区、玉环市的海岛县域经济综合发展指数与其余4个海岛县域的差距逐渐加大。至2018年，总指数值远高于洞头区、岱山县、普陀区和嵊泗县。而后者的基本走势相近，整体延续缓步提升的趋势。这些地区的海岛经济综合发展指数虽出现波动，但并未出现显著的变化。

2. 海岛县域经济综合发展的分项指数

海岛县域经济综合发展指数由经济总量、经济结构、经济增速与经济推动力4个分项指数构成。通过对分项指数进行分析，可以进一步明确浙江省6个海岛县域经济综合发展存在差异的原因，以及各海岛县发展的优势和劣势。

(1) 经济总量

浙江省各海岛县域经济总量指数均呈现上升趋势，表明海岛县域经济产出稳步提升。究其原因，与浙江省近年来大力发展海岛经济、积极推动海洋周边区域发展有着不可分割的联系。具体测算结果可见表6.6。

表6.6 浙江省海岛县域经济总量指数（2011—2018年）

年 份	定海区	普陀区	岱山县	嵊泗县	洞头区	玉环市
2011	0.427	0.314	0.210	0.196	0.274	0.508
2012	0.468	0.370	0.307	0.225	0.310	0.593
2013	0.508	0.359	0.257	0.249	0.315	0.614
2014	0.486	0.373	0.305	0.226	0.308	0.644
2015	0.509	0.319	0.316	0.228	0.318	0.653
2016	0.503	0.397	0.319	0.227	0.349	0.678
2017	0.515	0.413	0.327	0.312	0.409	0.699
2018	0.527	0.419	0.334	0.329	0.412	0.701

在经济总量指数上，玉环市呈现逐年稳步上升态势，2018年达到最高的0.701，比2011年提升了0.193。定海区虽位居第二，但与玉环市相比，其经济总量指数增长得较为缓慢，2018年为0.527，比2011年增长了0.100。

其余4个县域海岛的经济总量指数虽呈现一定程度的波动，但总体排名依旧维持普陀区、洞头区、岱山县、嵊泗县的位次。值得注意的是，排名靠后的岱山县、嵊泗县的经济总量指数，近年来增长幅度高于定海区、普陀区，这表明这一时期岱山、嵊泗两县的相对经济产出提升得较为明显。

(2) 经济结构

在经济结构指数方面，玉环市、洞头区、普陀区与定海区在测算期内均呈现出一定程度的波动，但在整体趋势上存在差异。其中，定海区、普陀区的经济结构指数整体呈现上升趋势，而玉环市、洞头区的经济结构指数则显示出下滑趋势。

对于排名靠后的嵊泗县和岱山县，经济结构指数下滑得更为明显。究其原因，受海洋资源的限制，嵊泗县和岱山县的工农业产值占比少，海洋增加值占地区生产总值的比重也较低，导致了这2个地区的经济结构指数较低且呈现下降趋势。具体测算结果可见表6.7。

表6.7　浙江省海岛县域经济结构指数（2011—2018年）

年　份	定海区	普陀区	岱山县	嵊泗县	洞头区	玉环市
2011	0.526	0.539	0.217	0.463	0.640	0.644
2012	0.520	0.567	0.206	0.455	0.656	0.636
2013	0.573	0.597	0.254	0.483	0.675	0.692
2014	0.499	0.623	0.197	0.424	0.629	0.685
2015	0.500	0.610	0.176	0.397	0.675	0.694
2016	0.569	0.631	0.133	0.379	0.617	0.606
2017	0.581	0.671	0.111	0.372	0.627	0.616
2018	0.587	0.674	0.122	0.374	0.618	0.623

（3）经济增速

对于经济增速指数，玉环市、嵊泗县、洞头区及岱山县均表现出整体增长趋势，而普陀区与定海区则呈现下降趋势。原因可能为，普陀区与定海区在2011年时，经济增速已经达到较高水平；而随着海洋经济高质量发展的提出，两地更多地关注经济结构优化方面。

玉环市作为海岛县域经济综合发展较好的地区，在2011—2018年间，实现了经济的加速发展，在6个海岛县（区、市）中，经济增速指数排名由2011年的末位升至2018年的第二位。相比较而言，嵊泗县的经济增速指数提升并不显著。相关数据可见表6.8。

表6.8　浙江省海岛县域经济增速指数（2011—2018年）

年　份	定海区	普陀区	岱山县	嵊泗县	洞头区	玉环市
2011	0.675	0.577	0.497	0.323	0.261	0.108
2012	0.619	0.538	0.553	0.395	0.263	0.1073
2013	0.524	0.529	0.483	0.251	0.287	0.146

续 表

年 份	定海区	普陀区	岱山县	嵊泗县	洞头区	玉环市
2014	0.521	0.503	0.488	0.366	0.283	0.173
2015	0.365	0.330	0.427	0.214	0.235	0.333
2016	0.388	0.282	0.393	0.364	0.207	0.288
2017	0.437	0.207	0.598	0.469	0.585	0.573
2018	0.439	0.211	0.572	0.471	0.582	0.569

（4）经济推动力

经济推动力作为海岛县域经济发展的重要动力，其水平的高低将直接影响海岛县域经济发展水平。从整体上看，除嵊泗县以外，其余海岛县域经济推动力指数整体均呈现上涨态势。相关测算结果可见表6.9。

表6.9 浙江省海岛县域经济推动力指数（2011—2018年）

年 份	定海区	普陀区	岱山县	嵊泗县	洞头区	玉环市
2011	0.290	0.159	0.124	0.138	0.053	0.465
2012	0.281	0.198	0.096	0.101	0.060	0.416
2013	0.297	0.197	0.090	0.079	0.064	0.457
2014	0.319	0.297	0.170	0.080	0.058	0.499
2015	0.329	0.196	0.107	0.068	0.044	0.380
2016	0.445	0.222	0.142	0.089	0.152	0.317
2017	0.419	0.255	0.096	0.061	0.183	0.536
2018	0.433	0.268	0.135	0.083	0.203	0.492

特别是洞头区，2015年后经济推动力指数显著提升，排名由原先的最末位反超岱山县与嵊泗县，位居第4。玉环市在大部分的年度内，均处于第1；但由于2016年外贸依存度指数表现较差，经济推动力指数下滑，被定海区反超，位居第2。

（二）动态TOPSIS综合评价结果分析

考虑到不同时刻海岛县域经济发展指数的差异，本部分对2011—2018年间各海岛县域经济综合发展指数进行时间权重加权，计算动态评价结果。

1. 海岛县域经济动态综合发展指数

根据测算结果（见表6.10），玉环市和定海区海岛县域经济发展水平较高，综合发展指数均大于0.4，发展态势良好。其主要原因在于，这2个地区第三产业占比较高，且比较注重海岛县域经济创新发展。

表6.10 浙江省海岛县域经济综合发展指数

海岛县(区、市)	海岛县域经济综合发展指数	排 名
定海区	0.49	2
普陀区	0.31	3
岱山县	0.21	5
嵊泗县	0.20	6
洞头区	0.26	4
玉环市	0.53	1

普陀区和洞头区的经济发展水平相对较为一般，综合发展指数位于0.25—0.35之间。根据测算，海洋增加值占比、金融机构各项存款余额、海岛地区人均生产总值等指数较低，影响了经济推动力指数，也间接导致海岛县域经济发展水平处于较低水平。而岱山县和嵊泗县海岛经济综合发展指数低于0.25，表明这2个县在经济总量、经济结构、经济增速和经济推动力这4个方面的指数，均处于中下水平。

2. 分项指数

从整体来看，海岛县域经济综合发展指数居首位的玉环市，在经济总量、经济结构、经济推动力这3方面的指数均处于领先位置，但经济增速成为其整体指数提升的阻碍因素。

定海区在经济总量、经济增速及经济推动力方面，表现较佳。由于其海洋增加值占比这一指数表现较差，经济结构指数排名较靠后。对于普陀区与洞头区，4个指数均表现得较为一般。值得注意的是，虽然岱山县的大部分分项指数处于末位，但经济增速指数排名较为靠前，海岛经济综合发展的潜力仍然存在。各地区的相关指数可见表6.11。

表6.11 浙江省海岛县域经济综合发展评价的分项指数

海岛县(区、市)	经济总量		经济结构		经济增速		经济推动力	
	指数	排名	指数	排名	指数	排名	指数	排名
定海区	0.50	2	0.55	4	0.48	2	0.36	2
普陀区	0.37	3	0.62	3	0.38	3	0.23	3
岱山县	0.30	5	0.17	6	0.50	1	0.12	4
嵊泗县	0.25	6	0.41	5	0.36	4	0.08	6
洞头区	0.34	4	0.64	2	0.35	5	0.11	5
玉环市	0.65	1	0.65	1	0.31	6	0.44	1

第四节 | 主要结论与建议

一、主要结论

根据分析可以发现，2011—2018年，浙江省的6个海岛县域经济综合发展数总体呈现上升趋势。主要结论如下。

第一，总体来讲，浙江省6个海岛县域经济综合发展指数有所上升，海洋经济发展战略初见成效，海岛经济发展水平稳步提升。

第二，从4个分项指数来看，经济总量指数都处于增长趋势；经济结构指数，除定海区、普陀区呈现上升趋势外，其余均呈现不同程度的下滑趋势；经济增速指数中超半数县域呈现整体增长趋势，普陀区、定海区则呈现下滑趋势；经济推动力作为重要动力，除嵊泗县以外，其余海岛县域该指数都呈增长趋势。

第三，从6个海岛县域对比情况来看，定海区、玉环市海岛县域经济综合发展水平高于平均水平，处于良好增长态势；普陀区、岱山县、嵊泗县、洞头区这4个地区海岛县域经济发展水平仍有待进一步提升。

二、若干建议

发展海岛县域经济对于进一步开发海洋资源、推进海洋经济高质量发展具有重大意义。为了加快浙江省海岛县域经济发展，笔者认为，应着力开展以下几个方面的工作。

（一）加快海岛县域经济结构转型

在6个海岛县域经济发展过程中，“三二一”产业结构的重要性已日益凸显，成为加速海岛县域经济发展的关键因素。在海岛县域经济结构的宏观布局中，应积极顺应经济转型，合理确定各海岛县域的主导产业和发展方向，大力发展海洋战略新兴产业，促进海岛县域经济创新发展。同时，通过与内陆地区的联动发展，有效带动沿海地区经济的进一步发展。

（二）以科技为指导，合理规范海岛建设行为

对于具有丰富海洋资源、港口资源、人文资源的海岛，要根据不同海岛的区位特点、资源特点有序地开发利用；在开发利用的同时，注重保护海岛原有的自然风貌。此外，以科学技术为指导，积极实现技术创新，提高海洋资源利用效率，提升海岛生态经济发展水平，促进海岛县域经济与海岛生态环境的良性循环。只有依靠科学技术，才能尽可能降低在海岛开发过程中对海洋生态环境造成的伤害，促进海岛县域经济的健康有序发展。

（三）科学制定中长期发展规划

在海岛经济开发过程中，应科学制定海岛经济开发规划，开展海岛资源、环境方面的监测与评估，深入研究海岛地区资源与环境支撑系统。基于海岛海洋资源、生态环境、文化资源等的特点，着眼于海岛环境的承载力，将经济发展与环境保护有机结合起来，科学制定系列海岛经济发展的中长期规划，探索海岛经济可持续发展的开发模式，达到海岛经济高速发展与生态环境均衡发展的目的，坚定地走可持续发展道路。

参考文献

［1］ DONG Z Y. A study on the transformation and upgrading of Zhejiang marine economic industrial structure based on the analysis and evaluation of scientific and technological innovation ［J］. Journal of coastal research，2019，98（sp1）：231.

［2］ GARCIA C， SERVERA J. Impacts of tourism development on water demand and beach degradation on the Island of Mallorca （Spain）［J］. Geografiska annaler：series a，physical geography，2003，85（3-4）：287-300.

［3］ HABROVA H. Geobiocoenological differentiation as a tool for sustainable land-use of socotra island ［J］. PubMed，2004.

［4］ HUI L，ZHANG R Q. Research on marine economy industrial structure in hebei province based on shift-share analysis［A］//Science and Engineering Research Center. Proceedings of 2015 International Conference on Advanced Educational Technology and Information Engineering （AETIE 2015）［C］.Science and Engineering Research Center：Science and Engineering Research Center，2015：9.

［5］ KAFFASHI S， YAVARI M. Land-use planning of minoo Island，Iran，towards sustainable land-use management ［J］. International journal of sustainable development & world ecology，2011，18（4）：304-315.

［6］ KILDOW J T，MCILGORM A. The importance of estimating the contribution of the oceans to national economies ［J］. Marine policy，2009，34（3）：367-374.

［7］ LOVELOCK B. The big catch：negotiating the transition from commercial fisher to tourism entrepreneur in island environments ［J］. Asia Pacific journal of tourism research，2010，15（3）：267-283.

［8］PENEDER M. Industrial structure and aggregate growth ［J］. Structural change and economic dynamics，2003，14（4）：1-448.

［9］WANG S H，XING L U，CHEN H X. Impact of marine industrial structure on environmental efficiency ［J］. Management of environmental quality，2020，31（1）：111-129.

［10］WANG Y X，WANG N. The role of the marine industry in China's national economy：an input-output analysis ［J］. Marine policy，2019，99：42-49.

［11］WANG Y. An empirical study of the industrial structure adjustment of the marine economy ［J］. Journal of coastal research，2020，106（special）：131-136.

［12］WILKINSON P F. Sustainable tourism in island destinations ［J］.Annals of tourism research，2011，38（3）：1206-1208.

［13］WU D J. Impact of green total factor productivity in marine economy based on entropy method ［J］. Polish maritime research，2018，25(s3)：141-146.

［14］XIE B J，ZHANG R，SUN S A. Impacts of marine industrial structure changes on marine economic growth in China ［J］. Journal of coastal research，2019，98（special）：314.

［15］ZHAI S A. Spatio-temporal differences of the contributions of marine industrial structure changes to marine economic growth ［J］. Journal of coastal research，2020，103（special）：1.

［16］ZHANG F F，MING J. Adjustment path of marine economic industrial structure in China's coastal provinces under the 'Belt and Road' initiative ［J］. Journal of coastal research，2019，94（special）：593.

［17］ZHANG J，XIAO J H. Analysis of industrial structure of marine economy in Jiangmen city based on multistage deviation-share analysis method ［P］. Proceedings of the 2018 5th International Conference on Management Science and Management Innovation （MSMI 2018），2018.

［18］ZHANG Y G，DONG L J，YANG J，et al. Sustainable development of marine economy in China ［J］. Chinese geographical science，2003，14（4）：308-313.

［19］ZHOU P. Relationship between the industrial structure of marine economy and the development of macroeconomy：an exploratory study ［J］. Journal of coastal research，2020，106（special）：9.

［20］ZHU W C. Study on the adjustment path of marine economic industrial structure in China's coastal provinces under the Belt and Road Initiative［J］. Journal of coastal research，2019，98（special）：219.

［21］白福臣，贾宝林.广东海洋产业发展分析及结构优化对策 ［J］.农业现代化研究，2009，30（4）：419-422.

［22］白福臣.中国海洋产业灰色关联及发展前景分析 ［J］.技术经济与管理研究，2009（1）：110-112.

［23］曹加泰，管红波.三大海洋经济区的海洋产业结构变动对海洋经济增长的贡献研究 ［J］.海洋开发与管理，2018，35（11）：76-84.

［24］曹林红.浙江省海洋产业发展与经济增长关系研究 ［D］.杭州：浙江理工大学，2016.

［25］曹忠祥，任东明，王文瑞，等.区域海洋经济发展的结构性演进特征分析 ［J］.人文地理，2005（6）：29-33.

［26］常玉苗.我国海洋经济发展的影响因素：基于沿海省市面板数据的实证研究 ［J］.资源与产业，2011，13（5）：95-99.

［27］陈万灵.关于海洋经济的理论界定 ［J］.海洋开发与管理，1998（3）：3-5.

［28］陈伟灿.区域海洋产业升级的金融支持研究 ［D］.杭州：浙江大学，2018.

［29］程丽.山东半岛蓝色经济区海洋经济发展现状及战略研究 ［D］.青岛：中国海洋大学，2014.

［30］程娜.可持续发展视阈下中国海洋经济发展研究 ［D］.长春：吉林大学，2013.

［31］池源，石洪华，孙景宽，等.城镇化背景下海岛资源环境承载力评

估［J］.自然资源学报，2017，32（8）：1374-1384.

［32］储永萍，蒙少东.发达国家海洋经济发展战略及对中国的启示［J］.湖南农业科学，2009（8）：154-157.

［33］戴维·罗默.高级宏观经济学［M］.北京：商务印书馆，1999.

［34］戴亚南.区域增长极理论与江苏海洋经济发展战略［J］.经济地理，2007（3）：392-394.

［35］狄乾斌，刘欣欣，曹可.中国海洋经济发展的时空差异及其动态变化研究［J］.地理科学，2013，33（12）：1413-1420.

［36］狄乾斌，刘欣欣，王萌.我国海洋产业结构变动对海洋经济增长贡献的时空差异研究［J］.经济地理，2014，34（10）：98-103.

［37］狄乾斌.海洋经济可持续发展的理论、方法与实证研究［D］.大连：辽宁师范大学，2007.

［38］丁黎黎，朱琳，何广顺.中国海洋经济绿色全要素生产率测度及影响因素［J］.中国科技论坛，2015（2）：72-78.

［39］都晓岩，韩立民.论海洋产业布局的影响因子与演化规律［J］.太平洋学报，2007（7）：81-86.

［40］杜军，寇佳丽，赵培阳.海洋产业结构升级、海洋科技创新与海洋经济增长：基于省际数据面板向量自回归（PVAR）模型的分析［J］.科技管理研究，2019，39（21）：137-146.

［41］范斐，孙才志.辽宁省海洋经济与陆域经济协同发展研究［J］.地域研究与开发，2011，30（2）：59-63.

［42］封慧.辽宁省海洋产业结构变动对海洋经济增长的影响研究［D］.昆明：云南财经大学，2018.

［43］冯利娟.山东省蓝色金融发展与海洋产业结构升级关系初探［D］.青岛：中国海洋大学，2013.

［44］付昌辉.发展港口经济是“海岛经济”向“半岛经济”转变的重要战略［J］.港口经济，2005（6）：39-40.

［45］盖美，陈倩.海洋产业结构变动对海洋经济增长的贡献研究：以辽宁省为例［J］.资源开发与市场，2010，26（11）：985-988.

［46］盖美，周荔.基于可变模糊识别的辽宁海洋经济与资源环境协调发展研究［J］.资源科学，2011，33（2）：356-363.

［47］盖文启，蒋振威.我国海岛型循环经济发展之路探析：以海南省为例［J］.中国国土资源经济，2007（10）：13-15，46.

［48］干春晖，郑若谷.改革开放以来产业结构演进与生产率增长研究：对中国1978—2007年“结构红利假”的检验［J］.中国工业经济，2009（2）：55-65.

［49］高乐华.我国海洋生态经济系统协调发展测度与优化机制研究［D］.青岛：中国海洋大学，2012.

［50］高强.我国海洋经济可持续发展的对策研究［J］.中国海洋大学学报（社会科学版），2004（3）：30-32.

［51］高田义，常飞，高斯琪.青岛海洋经济产业结构转型升级研究：基于科技创新效率的分析与评价［J］.管理评论，2018，30（12）：42-48.

［52］葛新元，王大辉，袁强，等.中国经济结构变化对经济增长的贡献的计量分析［J］.北京师范大学学报（自然科学版），2000（1）：43-48.

［53］顾朝林.论海岛经济开发系统设计［J］.地域研究与开发，1989（2）：1-4，62.

［54］郭克莎.结构优化与经济发展［M］.广州：广东经济出版社，2001.

［55］郭克莎.总量问题还是结构问题?：产业结构偏差对我国经济增长的制约及调整思路［J］.经济研究，1999（9）：15-21.

［56］韩增林，狄乾斌，刘锴.辽宁省海洋产业结构分析［J］.辽宁师范大学学报（自然科学版），2007（1）：107-111.

［57］韩增林，胡伟，李彬，等.中国海洋产业研究进展与展望［J］.经济地理，2016，36（1）：89-96.

［58］韩增林，王茂军，张学霞.中国海洋产业发展的地区差距变动及空间集聚分析［J］.地理研究，2003（3）：289-296.

［59］韩增林，许旭.中国海洋经济地域差异及演化过程分析［J］.地理研究，2008（3）：613-622.

［60］韩增林，许旭.中国海洋经济发展空间差异分析［J］.人文地理，

2008（2）：106-112.

［61］黄景贵.罗斯托经济起飞理论述评［J］.石油大学学报（社会科学版），2000（2）：27-31.

［62］黄君，黄文.产业结构变化对经济增长影响的实证研究［J］.湖南财经高等专科学校学报，2008，24（6）：64-66.

［63］黄瑞芬，雷晓.要素投入对我国海洋经济增长的效应分析：基于广义C-D生产函数与岭回归分析方法［J］.中国渔业经济，2013，31（6）：118-122.

［64］黄瑞芬，苗国伟，曹先珂.我国沿海省市海洋产业结构分析及优化［J］.海洋开发与管理，2008（3）：54-57.

［65］黄瑞芬.环渤海经济圈海洋产业集聚与区域环境资源耦合研究［D］.青岛：中国海洋大学，2009.

［66］黄盛.环渤海地区海洋产业结构调整优化研究［D］.青岛：中国海洋大学，2013.

［67］黄蔚艳，罗峰.我国海洋产业发展与结构优化对策［J］.农业现代化研究，2011，32（3）：271-275.

［68］纪建悦，孙岚，张志亮，等.环渤海地区海洋经济产业结构分析［J］.山东大学学报（哲学社会科学版），2007（2）：96-102.

［69］姜秉国，韩立民.科学开发海岛资源拓展蓝色经济发展空间［J］.中国海洋大学学报（社会科学版），2011（6）：28-31.

［70］姜旭朝，毕毓洵.中国海洋产业结构变迁浅论［J］.山东社会科学，2009（4）：78-81.

［71］金炜博.浙江省海洋产业结构分析及优化研究［D］.青岛：中国海洋大学，2013.

［72］李博，杨智，苏飞，等.基于集对分析的中国海洋经济系统脆弱性研究［J］.地理科学，2016，36（1）：47-54.

［73］李东旭，赵锐，宋维玲，等.我国海洋主体功能区划基本问题的探讨［J］.中国渔业经济，2011，29（5）：10-16.

［74］李小平，卢现祥.中国制造业的结构变动和生产率增长［J］.世界

经济，2007（5）：52-64.

［75］李宜良，王震.海洋产业结构优化升级政策研究［J］.海洋开发与管理，2009，26（6）：84-87.

［76］梁飞.海洋经济和海洋可持续发展理论方法及其应用研究［D］.天津：天津大学，2004.

［77］刘洪斌.山东省海洋产业发展目标分解及结构优化［J］.中国人口·资源与环境，2009，19（3）：140-145.

［78］刘锴，殷继青.中国海岛县（区）产业结构评价及综合实力测度［J］.资源开发与市场，2015，31（10）：1165-1168，1173.

［79］刘堃.中国海洋战略性新兴产业培育机制研究［D］.青岛：中国海洋大学，2013.

［80］刘满凤，胡大立.简析两个测算产业结构变化对经济增长贡献的模型［J］.江西财经大学学报，2000（2）：58-59.

［81］刘曙光，旭朝.中国海洋经济研究30年：回顾与展望［J］.中国工业经济，2008（11）：153-160.

［82］刘伟，蔡志洲.我国产业结构变动趋势及对经济增长的影响［J］.经济纵横，2008（12）：64-70.

［83］刘伟，李绍荣.产业结构与经济增长［J］.中国工业经济，2002（5）：14-21.

［84］刘洋，丰爱平，刘大海，等.基于聚类分析的山东半岛沿海城市海洋产业竞争力研究［J］.海洋开发与管理，2008（1）：71-75.

［85］楼东，谷树忠，钟赛香.中国海洋资源现状及海洋产业发展趋势分析［J］.资源科学，2005（5）：20-26.

［86］吕铁.制造业结构变化对生产率增长的影响研究［J］.管理世界，2002（2）：87-94.

［87］栾维新，杜利楠.我国海洋产业结构的现状及演变趋势［J］.太平洋学报，2015，23（8）：80-89.

［88］马洪芹.我国海洋产业结构升级中的金融支持问题研究［D］.青岛：中国海洋大学，2007.

［89］马仁锋，李加林，赵建吉，等.中国海洋产业的结构与布局研究展望［J］.地理研究，2013，32（5）：902-914.

［90］马学广，张翼飞.海洋产业结构变动对海洋经济增长影响的时空差异研究［J］.区域经济评论，2017（5）：94-102.

［91］马志荣，徐以国.我国海洋经济可持续发展的影响因素及路径选择［J］.生产力研究，2008（6）：107-109.

［92］慕小萍.辽宁省海洋经济发展路径及对策研究［D］.沈阳：辽宁大学，2014.

［93］宁凌，胡婷，滕达.中国海洋产业结构演变趋势及升级对策研究［J］.经济问题探索，2013（7）：67-75.

［94］彭飞，韩增林，杨俊，等.基于BP神经网络的中国沿海地区海洋经济系统脆弱性时空分异研究［J］.资源科学，2015，37（12）：2441-2450.

［95］乔俊果，朱坚真.政府海洋科技投入与海洋经济增长：基于面板数据的实证研究［J］.科技管理研究，2012，32（4）：37-40.

［96］秦宏，谷佃军.山东半岛蓝色经济区海洋主导产业发展实证分析［J］.海洋科学，2010，34（11）：84-90.

［97］秦伟山，张义丰.国内外海岛经济研究进展［J］.地理科学进展，2013，32（9）：1401-1412.

［98］邵桂兰，韩菲，李晨.基于主成分分析的海洋经济可持续发展能力测算：以山东省2000—2008年数据为例［J］.中国海洋大学学报（社会科学版），2011（6）：18-22.

［99］沈金生，张杰.我国主要海洋产业发展要素的贡献测度与经济分析［J］.中国海洋大学学报（社会科学版），2013（1）：35-40.

［100］世界海洋经济发展战略研究课题组.主要沿海国家海洋经济发展比较研究［J］.统计研究，2007（9）：43-47.

［101］苏为华，于俊，陈玉娟.我国区域海洋经济产业结构的演变特征及对策研究［J］.财经论丛，2014（12）：3-8.

［102］孙才志，王会.辽宁省海洋产业结构分析及优化升级对策［J］.地域研究与开发，2007（4）：7-11.

［103］孙倩，路波，索安宁，等.基于综合赋权法的海洋资源环境承载能力综合评价研究：以长江经济带邻近海域为例［J］.海洋环境科学，2018，37（4）：570-578.

［104］孙瑞杰，李双建.海洋经济领域投入要素贡献率的测算［J］.海洋开发与管理，2011，28（7）：95-99.

［105］孙新章.联合国可持续发展行动的回顾与展望［J］.中国人口·资源与环境，2012，22（4）：1-6.

［106］孙亚云.产业结构、经济增长与城镇化互动关系的实证研究［J］.常州大学学报（社会科学版），2016，17（2）：41-50.

［107］孙瑛，殷克东，张燕歌.海洋产业结构动态优化调整研究［J］.海洋开发与管理，2008（04）：84-89.

［108］孙兆明，马波.中国海岛县（区）产业结构演进研究［J］.地域研究与开发，2010，29（3）：6-10.

［109］覃雄合，孙才志，王泽宇.代谢循环视角下的环渤海地区海洋经济可持续发展测度［J］.资源科学，2014，36（12）：2647-2656.

［110］王波，韩立民.中国海洋产业结构变动对海洋经济增长的影响：基于沿海11省市的面板门槛效应回归分析［J］.资源科学，2017，39（6）：1182-1193.

［111］王长征，刘毅.论中国海洋经济的可持续发展［J］.资源科学，2003（4）：73-78.

［112］王丹，张耀光，陈爽.辽宁省海洋经济产业结构及空间模式演变［J］.经济地理，2010，30（3）：443-448.

［113］王端岚.福建省海洋产业结构变动与海洋经济增长的关系研究［J］.海洋开发与管理，2013，30（9）：85-90.

［114］王海英，栾维新.海陆相关分析及其对优化海洋产业结构的启示［J］.海洋开发与管理，2002（6）：28-32.

［115］王辉，石莹，武雅娇，等.海岛旅游地“陆岛旅游一体化”的测度与案例实证［J］.经济地理，2013（8）：153-157.

［116］王玲玲，殷克东.我国海洋产业结构与海洋经济增长关系研究

[J].中国渔业经济，2013，31（6）：89-93.

［117］王淼.21世纪我国海洋经济发展的战略思考［J］.中国软科学，2003（11）：27-32.

［118］王明舜.我国海岛经济发展的基本模式与选择策略［J］.中国海洋大学学报（社会科学版），2009（4）：43-48.

［119］王双，张雪梅.沿海地区借助“一带一路”倡议推动海洋经济发展的路径分析：以天津为例［J］.理论界，2014（11）：35-40.

［120］王双.我国海洋经济的区域特征分析及其发展对策［J］.经济地理，2012，32（6）：80-84.

［121］王婷婷.浙江海洋经济发展中的金融支持研究［D］.杭州：浙江大学，2017.

［122］王泽宇，崔正丹，孙才志，等.中国海洋经济转型成效时空格局演变研究［J］.地理研究，2015，34（12）：2295-2308.

［123］王泽宇，郭萌雨，孙才志，等.基于可变模糊识别模型的现代海洋产业发展水平评价［J］.资源科学，2015，37（3）：534-545.

［124］王泽宇，刘凤朝.我国海洋科技创新能力与海洋经济发展的协调性分析［J］.科学学与科学技术管理，2011，32（5）：42-47.

［125］王泽宇，卢函，孙才志，等.中国海洋经济系统稳定性评价与空间分异［J］.资源科学，2017，39（3）：566-576.

［126］王泽宇.辽宁省海洋产业结构优化升级及合理布局研究［D］.沈阳：辽宁师范大学，2006.

［127］吴凯，卢布，杨瑞珍，等.海洋产业结构优化与海洋经济的可持续发展［J］.海洋开发与管理，2006（6）：55-58.

［128］吴云通.基于产业视角的中国海洋经济研究［D］.北京：中国社会科学院研究生院，2016.

［129］武京军，刘晓雯.中国海洋产业结构分析及分区优化［J］.中国人口·资源与环境，2010，20（S1）：21-25.

［130］武鹏，王镇，周云波.中国区域海洋经济发展水平综合评价［J］.经济问题探索，2010（2）：26-32.

［131］西蒙·库兹涅茨.现代经济增长［M］.戴睿，易诚，译.北京：北京经济学院出版社，1989：45-55.

［132］向云波，徐长乐，戴志军.世界海洋经济发展趋势及上海海洋经济发展战略初探［J］.海洋开发与管理，2009，26（2）：46-52.

［133］徐敬俊.海洋产业布局的基本理论研究暨实证分析［D］.青岛：中国海洋大学，2010.

［134］徐丽丽.绿色经济视角下中国区域海洋经济效率差异分析［D］.无锡：江南大学，2015.

［135］徐质斌，张莉.我国海洋产业结构的现状与调整［J］.科技导报，2003（12）：35-38.

［136］严晓玲，涂心语.产业结构调整、财政收入与经济增长的关系：以福建省为例［J］.福建商学院学报，2017（1）：9-18.

［137］杨坚.山东海洋产业转型升级研究［D］.兰州：兰州大学，2013.

［138］杨荫凯.21世纪初我国海洋经济发展的基本思路［J］.宏观经济研究，2002（2）：35-38.

［139］杨治.产业经济学导论［M］.北京：中国人民大学出版社，1995：92-125.

［140］叶向东.海洋产业经济发展研究［J］.海洋开发与管理，2009，26（4）：86-92.

［141］殷克东，李兴东.我国沿海11省市海洋经济综合实力的测评［J］.统计与决策，2011（3）：85-89.

［142］殷克东，王伟，冯晓波.海洋科技与海洋经济的协调发展关系研究［J］.海洋开发与管理，2009，26（2）：107-112.

［143］于海楠，于谨凯，刘曙光.基于“三轴图”法的中国海洋产业结构演进分析［J］.云南财经大学学报，2009，25（4）：71-76.

［144］于谨凯，于海楠，刘曙光.我国海洋经济区产业布局模型及评价体系分析［J］.产业经济研究，2008（2）：60-67.

［145］于梦璇，安平.海洋产业结构调整与海洋经济增长：生产要素投入贡献率的再测算［J］.太平洋学报，2016，24（5）：86-93.

［146］袁捷敏.全国产业结构对区域经济增长影响的实证分析［J］.科技和产业，2007（12）：28-30，96.

［147］翟仁祥，许祝华.江苏省海洋产业结构分析及优化对策研究［J］.淮海工学院学报（自然科学版），2010，19（1）：88-91.

［148］占丰城.开放经济视角下舟山海洋产业升级研究［D］.杭州：浙江大学，2015.

［149］张岑，熊德平.浙江省海洋产业结构变迁对区域经济增长的影响研究［J］.特区经济，2015（4）：46-48.

［150］张红智，张静.论我国的海洋产业结构及其优化［J］.海洋科学进展，2005（2）：243-247.

［151］张静，韩立民.试论海洋产业结构的演进规律［J］.中国海洋大学学报（社会科学版），2006（6）：1-3.

［152］张立军，彭浩.面板数据加权聚类分析方法研究［J］.统计与信息论坛，2017，32（4）：21-26.

［153］张潇.基于面板数据的动态TOPSIS评价方法研究［D］.长沙：湖南大学，2016.

［154］张晓艳.中国海洋产业结构变动对海洋经济增长的影响研究［D］.济南：山东大学，2014.

［155］张耀光，王国力，肇博.中国海岛县际经济差异与今后产业布局分析［J］.自然资源学报，2005，20（2）：222-230.

［156］张耀光，崔立军.辽宁区域海洋经济布局机理与可持续发展研究［J］.地理研究，2001（3）：338-346.

［157］张耀光，刘桓，张岩，等.中国海岛县的经济增长与综合实力研究［J］.资源科学，2008（1）：18-24.

［158］张耀光，刘锴，刘桂春，等.基于定量分析的辽宁区域海洋经济地域系统的时空差异［J］.资源科学，2011，33（5）：863-870.

［159］张耀光，刘锴，王圣云，等.中国和美国海洋经济与海洋产业结构特征对比：基于海洋GDP中国超过美国的实证分析［J］.地理科学，2016，36（11）：1614-1621.

［160］张耀光.中国海洋产业结构特点与今后发展重点探讨［J］.海洋技术，1995（4）：5-11.

［161］章成，平瑛.海洋产业结构优化与海洋经济增长研究［J］.海洋开发与管理，2017，34（3）：38-44.

［162］赵丹丹.促进我国海洋经济产业结构优化的税收政策研究［D］.上海：上海海关学院，2017.

［163］赵林，张宇硕，焦新颖，等.基于SBM和Malmquist生产率指数的中国海洋经济效率评价研究［J］.资源科学，2016，38（3）：461-475.

［164］赵修萍.福建省海洋产业结构及其升级研究［D］.厦门：集美大学，2015.

［165］赵珍.我国海洋产业结构演进规律分析［J］.渔业经济研究，2008（3）：7-10.

［166］郑莉，张杰.海洋渔业生产要素的经济效益研究：基于中国11个沿海省市及5大海洋经济区域的面板数据分析［J］.海洋经济，2014，4（1）：5-11.

［167］周洪军，何广顺，王晓惠，等.我国海洋产业结构分析及产业优化对策［J］.海洋通报，2005（2）：46-51.

［168］周江，曹瑛.区域经济理论在海洋区域经济中的应用［J］.理论与改革，2001（6）：106-109.

［169］朱勇生，张世英.河北省海洋经济产业结构分析［J］.河北工业大学学报，2004（5）：15-18.

［170］邹卓君.浙江省海岛地域城镇发展战略研究［J］.地域研究与开发，2003（5）：30-32.

后 记

发展海洋经济是新时期中国经济转向高质量发展的重要支撑，是沿海地区经济增长之潜能所在。我国各级政府历来重视海洋经济的发展，“海洋强国”“科技兴海”等海洋发展战略的制定集中体现了发展海洋经济的重要性。浙江省的海洋经济发展历史悠久，习近平总书记在浙江省工作期间，就明确提出将发展海洋经济纳入“八八战略”之中，努力使海洋经济成为全省经济新的增长点。自2005年参加“浙江省908专项调查”的研究以来，本人持续关注浙江省海洋经济发展的热点、难点与焦点问题，分别承担由原浙江省海洋与渔业局、浙江省海洋技术中心等单位委托的多项有关海洋经济的调查分析、监测评估、预警预测等方面的专项课题。本人在承担相关课题研究的过程中发现，面向浙江省海洋经济发展领域的评估及其应用方面的成果较为零散，故萌发了进行成果梳理与总结的想法；但限于时间和精力，一直未能开展此方面的工作。在一次简短的工作交流中，浙江省海洋科学院的茅克勤副院长提出了进行海洋经济统计与评估工作成果集成的设想。这个建议与本人多年来的想法不谋而合，于是我们开展了本书的撰写工作。

本书由浙江工商大学统计数据工程技术与应用协同创新中心（浙江省2011协同创新中心）牵头组织，浙江省海洋科学院赖瑛参加了写作。全书的框架由陈骥教授负责设计，并由其对全文进行统稿。具体的写作任务分工如下：第一章由陈骥教授、赖瑛共同完成；第二章、第四章由赖瑛完成；第三章由陈骥教授、罗刚飞博士共同完成；第五章、第六章由陈骥教授完成。在写作过程中，浙江工商大学统计与数学学院的在读博士生（陈思超、黄佳艳）、硕士生（吴淑姣、吴刘丹等）也参与各章节相关内容的讨论与资料收集。

在本书即将出版之际，本人要感谢浙江省海洋科学院的茅克勤副院长的支持，也要感谢“浙江省高校领军人才培养计划”、浙江工商大学“西湖学者支持计划”的支持，以及浙江工商大学统计数据工程技术与应用协同创新中心（浙江省2011协同创新中心）、浙江省优势特色学科（浙江工商大学统计学）建设基金、国家社科基金重大项目（21&ZD154）的资助。同时，本书也得到了浙江工商大学之江大数据统计研究院、杭州之江经济大数据实验室（智库）的联合资助。另外，本人还要特别感谢两位合著者的辛勤付出。

在海洋经济发展上升为国家战略的背景下，海陆统筹、山海协作模式将会持续得到强化。在浙江省积极融入“长三角一体化”、大力推进“湾区经济”的过程中，海洋经济的发展得到了前所未有的重视，建设海洋强省和国际强港已成为浙江省经济高质量发展进程中的重要组成部分。开展科学、客观、合理的海洋经济评估与监测工作，是制定海洋经济发展目标、实施有效的计划管理的重要依据；同时，海洋经济评估工作的开展也应紧贴浙江省的海洋经济发展政策导向，并不断创新。因此，本书的内容必定只是阶段性的研究成果。由于作者水平有限，本书肯定存在诸多不妥之处，有待后续进一步的完善。

陈　骥
2020年10月
于浙江工商大学